博碩文化

博碩文化

博碩文化

博碩文化

E-SAM　博碩文化

秘密
不再是秘密

輕鬆認識密碼學 打造你的數位安全防線

ICC LAB　王旭正　著

思考在危機四伏的網路環境中守住個人的祕密、安全傳遞資訊的必要性，而這也正是「密碼學」的意義！

資安科技生活能保有永恆以及唯一的「祕密」，會是一切看似免費、公開，容易流於虛實難辨、價值混淆的數位時代，最重要的課題！

作　　者：王旭正
責任編輯：林楷倫

董 事 長：陳來勝
總 編 輯：陳錦輝

出　　版：博碩文化股份有限公司
地　　址：221 新北市汐止區新台五路一段 112 號 10 樓 A 棟
　　　　　電話 (02) 2696-2869 傳真 (02) 2696-2867

發　　行：博碩文化股份有限公司
郵撥帳號：17484299　戶名：博碩文化股份有限公司
博碩網站：http://www.drmaster.com.tw
讀者服務信箱：dr26962869@gmail.com
訂購服務專線：(02) 2696-2869 分機 238、519
（週一至週五 09:30 ～ 12:00；13:30 ～ 17:00）

版　　次：2023 年 6 月初版一刷

建議零售價：新台幣 500 元
I S B N：978-626-333-497-7
律師顧問：鳴權法律事務所 陳曉鳴律師

本書如有破損或裝訂錯誤，請寄回本公司更換

國家圖書館出版品預行編目資料

秘密不再是秘密：輕鬆認識密碼學：打造你的
　數位安全防線 / 王旭正著. -- 初版. -- 新北
　市：博碩文化股份有限公司, 2023.06
　　面；　　公分. -- (資安密碼系列)

ISBN 978-626-333-497-7(平裝)

1.CST: 資訊安全 2.CST: 密碼學

312.76　　　　　　　　　　　112007922

Printed in Taiwan

歡迎團體訂購，另有優惠，請洽服務專線
博 碩 粉 絲 團 (02) 2696-2869 分機 238、519

推薦序 1

　　密碼長久以來都被視為一門艱深難懂的理工課程，對大多數人而言，密碼是遙不可及，而且毫不相關的。

　　然而，近年來由於網路技術及應用的蓬勃發展，密碼技術已無聲無息地融入每一個人的日常生活當中。例如現在很多人使用的通訊軟體 LINE、社群軟體 Facebook、即時照片分享軟體 Instagram、網路銀行、電子商務、線上遊戲、物聯網等等，都是使用大量的密碼技術，來確保其中的資訊安全與用戶的個人隱私。大多數人不必會設計密碼演算法或密碼協定，也不需要會破解密碼，但是身為數位時代的一分子，我們對認知哪些密碼技術可保護哪些資訊的安全及個人的隱私，是有其必要的。在本書中，作者以深入淺出的方式，引導讀者進入密碼的世界，讓讀者了解，密碼技術如何幫人們解決日常生活中所面臨的各種問題。對非相關專業人士而言，本書以故事模式導引讀者，輕鬆有趣、難易適中，讀者可獲取日常生活各種活動中，保護我們資訊與隱私的密碼技術及原理，十分值得推薦！

雷欽隆

國立臺灣大學電機系教授

推薦序 2

　　這是一本非常適合廣大讀者閱讀的科學普通讀物。我有幸提早閱讀到全書原稿，忍不住興奮之情，想跟未來的讀者分享一點心得。

　　首先，這本書應該是現代公民必讀的。因為我們的生活已經離不開資訊科技與電腦網路了，了解一些資訊安全、電腦犯罪、數位鑑識的基本概念，有助於保障自己的權利。其次，這本書讓我有非常愉快的閱讀體驗。作者充分運用其深厚的專業知識背景，站在更高更寬廣的角度，用平易近人的寫作方式，將資訊安全各種相關知識鑲嵌在有趣的問題與故事當中。

　　作者從古代數字的起源，談到各種數字系統背後有趣的意義，及介紹數字的基本計算。將古代的密碼技術之間加以比較對照，還以「鹹魚翻身」的說法帶領讀者認識現代的數位密碼。提及「公鑰密碼」時，坦白說，這是一般讀者最難理解的部分，作者竟然能想到用「蛋炒飯」等思維來導出公鑰密碼的概念，生動又有趣。網路的歷史故事、現代的網路應用與問題、網路的可信度問題、數位鑑識正面的效用與背後應有的反思，內容發人深省，但都以富想像力的通俗故事精采解說。

　　這樣的寫作方式，讓閱讀本書就像讀故事書一樣輕鬆愉快，卻又能有知識上滿滿的收穫，我極力推薦大家一起來閱讀這本好書。除了愉快的閱讀體驗與知識上的收穫之外，各位讀者可能也會跟我一樣，被作者投入的心血深深感動！

張仁俊

國立臺北大學教務長 & 資訊工程系特聘教授

作者序

現今智慧型手機日漸普遍，不論達官貴人或市井小民皆能「人手一機」，人人都能輕易運用到的螢幕鎖定圖形鎖及喚醒密碼，就是密碼學的延伸利用。表面上，密碼只是一門加、解密的技術而已，但其真正的精神，是對於機密資訊的敏感意識，也就是我們常說的「資安意識」。換言之，資安的基礎，在於對機密資訊的敏感意識。

從事學術工作多年，陸續完成了資訊安全與密碼、影像隱藏與應用、數位鑑識等領域的相關著書，這些書在內容上的設計與目的，主要是課堂上課教材及學生學習依據。但如果想讓這些知識更普及，讓不分年齡、領域的一般人都能輕鬆接觸、深入生活，對於科技上的深植與應用有所認識，就需要科普書而不是教科書了。我試著透過故事，鼓勵讀者一起來認識「密碼學」的起源及發展，當然，也希望大家在了解之後，有機會愛上密碼，而樂於尋求更多資訊充實自己，妥善運用這項科技資源。

「密碼學」在現今數位時代的運用看似新穎，卻其實是一門歷久彌新的有趣學問。早在中國周朝的兵書《六韜・龍韜》中，便已運用密碼作為軍事通訊的方法與策略，例如陰符與陰書。古羅馬時期，凱薩也將密碼運用於軍事通訊中。第二次世界大戰期間，密碼也沒有缺席，英格瑪密碼機的破解，成為最後聯軍勝利的關鍵。我們可以說：密碼演變的過程，見證了人類文明與科技的進步。而在生活中，所謂「商場如戰場」，能多掌握一些情資，也就多一分人際相處及致勝的籌碼，社會生存法則即是「變」與「通」，密碼的概念無所不在。

　　拜科技進步之賜，我們隨時可以不受時間、空間限制遨遊網路世界：網購、收發 E-MAIL、用 LINE 聊天、使用 FACEBOOK、INSTAGRAM、TWITTER……但在使用網路的同時，我們是否有所警覺：網路真的這麼安全嗎？沒有人會希望自己的隱私遭人窺探，這正是政府制定「個人資料保護法」的目的。網路是一個公開且開放的空間，資料的傳遞過程，其實有相當的風險，這也是資訊安全如此受到企業及政府部門重視的原因，資安認證標準「ISO 27001」更是這幾年來的當紅炸子雞，而資訊安全的基礎，正是「密碼學」。

　　也許有人會問：「我們需要了解『密碼』嗎？為什麼要學呢？對生活有什麼幫助嗎？」正如「道高一尺，魔高一丈」，科技進步，犯罪手法也在進步。舉例來說，LINE 及 FACEBOOK 確實豐富了我們的生活。數十年未連絡的同學、故舊，失散已久的親朋好友，都能重新取得聯繫，FACEBOOK 甚至利用其特有的演算法，不斷以「你可能認識的朋友」主動為使用者提供擴張人際網絡的名單。某程度而言，FACEBOOK 所形成的社群網路關係，驗證了「六度分隔理論」的真實性（即平均只需要五個中間人，就能與世上任何一人認識）。而LINE 更可說是中老年人接觸智慧型手機的第一個 APP（應用程式），LINE 可愛的貼圖、免費的語音通話及訊息同步功能，不知讓多少婆婆媽媽、少男少女為之瘋狂著迷。在 MSN、Yahoo Messenger 流行的年代，曾有句話是「No MSN, No Friends」，而在 MSN 中止服務、Yahoo Messenger 式微的今天，LINE 行動通訊軟體霸主的地位可說是難以撼動。

　　但光鮮亮麗的背後，隨處可見各類負面新聞：「LINE 詐騙猖獗，今年詐欺案暴增五成」、「別點！『騙』臉書帳號遭檢舉，盜取個人資料」，在在證明了現今使用者資安意識的不足，財物及名譽上受損害的案件層出不窮。享受便利之餘，反而嚴重犧牲基本的個人隱私及財產安全，卻很少人理解到，只需要對「密碼」這道安全防線有所意識，其實就能更理性運用網路、科技帶來的好處。

　　密碼學，了解密碼的學問。說穿了，也就是隱藏祕密、處理祕密、鑑定祕密的學問。每個人都會有深藏在心底、不願為人所知的祕密，各種隱藏祕密的方式，其實也正是密碼中的各個加解密技術。希望在閱讀本書的過程中，也讓讀者有機會重新思考何謂隱私，及隱私所代表的意義。

　　最後，本書得以出版，要感謝許多人、許多事：我的工作單位中央警察大學；我的編輯團隊—資訊密碼暨建構實驗室 & 情資安全與鑑識科學實驗室（ICCL and SECFORENSICS AT https://hera.secforensics.org/ ）與社團法人台灣 E 化資安分析管理協會 (ESAM AT https://www.esam.io/)；相關的插圖，感謝由好友方素真 /SUSAN 的協助，更增添文圖並茂的情境融入，彷彿置身故事主角中的參與臨場感與真實體驗；博碩出版社的編輯作業，讓這本書得以順利付梓。藉此機會表達我所有心底的感動與喜悅的祕密，向所有人員的努力致上最深摯的感謝。

王旭正

MAY, 2023

前言

你相信網路嗎？

我們用我們個人的隱私作為貨幣，來換取網路的「免費服務」。我們需要真正意識到目前正發生在我們身上的隱私問題，了解免費的代價，認識網路定義隱私、個人空間及「人」的方式。

電腦的出現，讓資訊科技裡的密碼研究與應用成為一門重要學科，密碼不再止於推理與狹隘的數字遊戲，而是與現代的科技生活息息相關。

《西遊記》中齊天大聖孫悟空憑藉著金箍棒與筋斗雲兩樣利器，斬妖除魔完成了艱鉅的取經任務。我們現今同樣面臨嚴峻多變的考驗，資訊與挑戰複雜且多元，面對各項任務，網路就好比筋斗雲，一翻十萬八千里，讓我們不出門也能得知天下事，即時即地掌握訊息。電腦則如同金箍棒，協助你我完成各種工作。正因為知識的傳遞更便利，現代人生活、工作中的一切幾乎全面仰賴電腦及網路，不容易察覺其中的危機，使得密碼成為傳遞所有訊息時關鍵的第一道防線。

一般人所不熟知的是，網路最初始的發明與運用，其實與祕密的隱藏與傳遞有關。一九六〇年代，美國國防部各單位的電腦及通訊設備因規格不盡相同，造成彼此間交換資訊的困難，妨礙了軍事機密訊息的傳遞。除了需要解決這個問題外，美國國防部也針對國家軍事防衛系統的連線提出「確保永不斷線」的要求，讓系統連線不會因為某部電腦故障而無法進行，而這種技術的研發，就是網際網路的起源。

　　想想看，生活中沒有了電腦與網路，造成的影響會有多大！透過智慧型手機和行動通訊設備，工作不再限制於辦公室內；GPS 系統使我們能在陌生的環境依然悠閒自得；只要連上網路，在家就能購物，不必在大賣場人擠人，還能多方比價，甚至買遍全世界！「滑世代」可說是以指尖在過生活，用來打發剩餘時光的數位娛樂更是五光十色，應有盡有。

　　網路的發展為食、衣、住、行、育、樂添入了不同的元素，使生活多采多姿，我們得以突破時間與空間的限制，運用龐大資源解決生活問題。不過，網路卻如雙面刃，正確與錯誤的訊息同樣因網路而流通迅速，不想傳遞、不該傳遞的資料也可能遭有心人蓄意廣傳。太過於依賴，反而容易遭到網路的制約，造成遺憾。

　　網路確實能為我們帶來更好的生活品質及更多的可能性。但在使用的拿捏上，我們必須拉出一條界線。雖然隨時都能自由徜徉於浩瀚的資訊之洋，但你可曾理性權衡過，便利的代價是什麼？

　　「電子郵件」讓我們可以在彈指之間完成訊息的交換，但也協助了病毒的傳播。「網路購物」的方便成為非法人士覬覦的目標，產生了「網路釣魚」的詐騙手法。開設「部落格」可在世界的一角為自己發聲，卻也可能難以掌控公開發言引起的爭端，甚至因情緒性的發言而觸法。「社交網路」服務網站促進與朋友間的互動，竟成為歹徒蒐集個人資料的天堂。「全球資訊網」的技術讓知識的傳播更容易，卻助長了網路色情的發展。網際網路的技術，可以是知識傳播的媒介，也可能應用在各式非法網站的建置。

隨著網路發展所興起的科技犯罪，便是我們所需面對的課題，藉由網路而生的許多方便，誘發犯罪叢生。例如成長快速的電子商務，網路購物、網路銀行、網路拍賣等虛擬交易中，消費者只要輸入帳號、密碼、信用卡卡號等資訊，便可進行金融交易，無需親自到實體店面。龐大的消費者，成為非法人士覬覦的目標。

國際間層出不窮的網路詐騙中，透過詐騙網站與誘騙郵件的「網路釣魚」，是非法人士最常使用的一種手法。歹徒製作與知名網站相仿、幾可亂真的假網站，發送偽造的電子郵件，偽裝成某銀行或重要入口網站，如假借土地銀行「landbank」之名行騙改造成「1andbank」（前者為「L 的小寫 l」，後者為「阿拉伯數字 1」）。詐騙信件則以使用者帳號有問題、提醒更換密碼、帳號驗證、系統更新、贈送禮物等，防不勝防的各式恐嚇與利誘，誘騙使用者登入假網站以獲取其資訊。由於製作釣魚網站與發送釣魚垃圾郵件都相當容易，而且使用者不易察覺，因此成為網路犯罪的大宗，造成大量金融損失。

還有另一種經常發生在個人身上的金融犯罪手法。例如銀行帳戶出現一筆不明消費，而買受人的身分竟是本人，很可能是身分被盜竊了。想像一下，若是出現與你擁有一模一樣身分的人，姓名、身分證字號、出生年月日、電話、信用卡號碼、印章、簽名、指紋等，這些代表自己的資訊，卻有另一個人正使用著，會是怎樣的情景？

在數位生活下，元宇宙的世界裡身分是虛擬的，我們靠著帳號、密碼或者一串數碼，用以證明身分，所以當身分遭他人竊用，甚至有詐騙取財、申請或盜刷信用卡、貸款、毀謗他人等犯罪行為時，根本無法判斷「虛擬身分」所代表的人是真是假。由於網路的匿名性，加上許多人

缺乏個人資料保護的概念，尤其是在社交網路服務網站，容易成為犯罪者蒐集個人資料的平臺。

另一方面，網路與社交平台裡已成為網友制裁利器的「人肉搜索」，藉由為數眾多的網友，對新聞事件主角或特定對象、事件進行資訊蒐集比對，試圖找出真相或個人資料。群眾在網路時代有了具體的力量，但這樣的力量究竟伸張了正義還是侵害隱私，頗有爭議，有時更淪為有心人士炒作知名度的手段。

網路真的免費嗎？在回答這個問題前，我們先討論另一個問題：「一個陌生人付多少錢，你會給他看你的日記？」需要付多少的代價，以了解你的宗教、政治甚至性傾向，或是你的身體狀況、交往情形？這些資訊是用金錢買得到的嗎？實際上，這些看似「無價」的私密資訊，卻是我們每天大方、大規模提供的訊息。

網路可說是有史以來與人類關係最為密切的技術，不斷推陳出新，功能強大且方便，但在使用的同時，我們也透露出大量個人訊息給第三方。我們對於自己所釋放的訊息幾乎毫無意識，我們只專注於更新的功能、更方便的使用方式，而嚴重忽略我們個人資料的外洩。而在過去，這些資料是企業必須花上百倍甚至上千倍的力量才能取得的。

今天，絕大多數網際網路的功能都是免費的。我們免費用網路與家人連絡、視訊，看新聞、看影片、收發電子郵件、使用搜尋引擎。但實際上，只有少數人知道我們真正的付費方式。每一天，GOOGLE 藉由億萬個關鍵字來微調搜尋引擎，使他們能更針對性的提供廣告；藉由小型文字檔案「cookie」，企業能清楚了解我們的需求，並從中提供更符

合我們需求的產品。過去，企業需要藉由無數次的電話訪問、問卷調查，才能勉強得到些不一定正確的資料，但現在，所有網路的使用者卻選擇將自己的個人資料完全雙手奉上而無自覺。

假設你不幸染上愛滋病，你是否敢讓其他人知情？你是否願意告訴你的伴侶、朋友或是父母？不論願不願意，一旦使用 Google 搜尋相關資訊，「雞尾酒療法」「AIDS」「愛滋病」「醫院快篩」等關鍵字，就足以令不能說的祕密洩漏出來。

使用電腦與智慧型手機時，我們以為我們是在安全、私密的空間裡，但實際上只要使用網路，我們永遠是處於開放的空間。每一天，我們用我們個人的隱私作為貨幣，來換取網路的「免費服務」。

我們需要真正意識到目前正發生在我們身上的隱私問題。並非就此遠離或摧毀網路，而是必須了解免費的代價，意識到風險與機會是並存的，水能載舟亦能覆舟，真正去認識網路定義隱私、個人空間及「人」的方式。科技終究是身外之物。人，才是根本。

在這層意識之下，也就會深切思考在危機四伏的網路環境中守住個人的祕密、安全傳遞資訊的必要性，而這也正是「密碼學」的意義。從個人帳號密碼的祕密、身分的祕密、私密相簿的祕密，甚至大如戰爭的祕密、外交與軍事的祕密……一旦遭人竊取或揭露，後果都不堪設想。

無論過去、現在、未來，也無關傳統與科技，都需要最高等級的安全與保護，「秘密」不再是秘密？YES 或是 NO，我們必須保有永恆以及唯一的「祕密」，會是一切看似免費、公開，容易流於虛實難辨、價值混淆的數位時代，最重要的課題。

目錄

第一章

遲來二十年的情書

本章摘要

麒哥本是一個長期沉迷於酒精的單親爸爸，但因著獨生子阿智的一封「數字信」，使他開啟了對「數字」的學習興趣，進而向好友法老王請教相關知識。在法老王仔細的說明後，麒哥才明白看似平凡且常見的數字，人類文明發展裡其實有多種的表現方式，如：繩結、羅馬數字、古巴比倫數字及阿拉伯數字。對麒哥來說，對數字的好奇與熱忱並不是一時的衝動，而是人生的新一個開始。

法老王解惑

這一章有什麼內容呢？

1. 繩結
2. 羅馬數字系統
3. 古巴比倫數字系統
4. 阿拉伯數字系統

想了解一個人，最直接的方式或許就是面對面，開誠布公地說出彼此內心的想法；但如果其中一方總是閃躲，甚至早已無法觸手可及，那又該怎麼了解對方呢？

麒哥邁著有些不靈活的腿，打開家門。家裡空無一人。他不意外，兒子阿智應該已經去上課了；就算是假日，也很少待在家裡。麒哥把沙發上的雜物堆到一旁，給自己挪了個位子坐下，一抬眼，剛好看到放在櫃子上的照片：那是阿智小時候，全家一起出遊時拍的。那時候，他的腳還沒跛、妻子還在世，這個家仍然幸福美滿又安康……

一場車禍，讓麒哥差點再也站不起來。雖然拚命復健，可惜效果不如預期，好不容易存下的一點積蓄，也因為住院的緣故花得差不多了。麒哥一向充滿自信，受到的打擊也更深，整個人變得意志消沉，開始封閉自己的內心，無論誰勸都沒有用。妻子除了要照顧阿智、照顧麒哥，還要照顧店裡的生意，在分身乏術、心力交瘁之下，年紀輕輕便撒手人寰。

麒哥完全無法接受這個打擊。他和妻子是大學社團的同學，感情一向好到叫人又羨又妒。他們一畢業就結婚，而麒哥決定自己開店創業時，妻子也從來沒有任何怨言。誰都沒想到，以為會一直美滿下去的家庭，竟然接二連三遭到厄運侵襲。

整理妻子遺物時，麒哥發現妻子留了一封信給他，但內容就只是一連串莫名其妙的英文字母，他左看右看，怎麼想都想不透怎麼回事。妻子想對他說什麼呢？是怨恨他讓全家陷入不幸嗎？是責備他沒有盡到為人夫和為人父的責任嗎？為什麼要用這種看都看不懂的方式寫呢？

　　為了好好扶養阿智成人，麒哥把店關了，頂下一間早餐店，希望能有更多時間陪伴孩子。只是他心裡始終帶著對妻子的歉疚、對自己不爭氣的痛恨、解不開密碼信的挫敗，以及許多複雜難解的情緒，一靜下來，就覺得空氣沉悶得幾乎讓人窒息。於是他開始用酒精麻醉自己。雖不到誤事的程度，但是看在漸漸成人的阿智眼裡，卻讓他擔心得不得了。

　　對阿智來說，麒哥其實是個溫柔的好爸爸，只是一沾了酒就像變個人似的；而且只要提到「媽媽」和「戒酒」，爸爸馬上就會暴走發火。隨著年齡漸長，阿智有了自己的生活圈，也懂得迴避衝突，而且他討厭看到爸爸喝酒的樣子，乾脆眼不見為淨，減少待在家裡的時間。

　　麒哥在沙發上坐了一會兒，站起身來，想到廚房倒杯水，眼光瞄到飯廳桌上的一封信，上面寫著「給爸爸」。

　　麒哥滿腦子疑問，打開了信。「又是密碼！」他大吼出聲。「你媽寫密碼信給我，連你也這樣搞我？」麒哥正想把信揉進垃圾筒，但他心念一轉：他已失去了妻子，失去問清楚那封密碼信的機會，難道他要再一次錯過兒子嗎？

　　麒哥拿著那封有著一串數字的密碼信研究了半天，一、兩個鐘頭過去，依然理不出頭緒。這時電話響起，是麒哥的國中同學、幾十年的死忠兼換帖，而且也是妻子的大學同班同學—法老王。自從麒哥家發生變故後，法老王就一直很努力地想讓麒哥走出自己的殼，不但時常幫麒哥照顧家裡，也三不五時打電話約他出門走走，就是不想讓麒哥和酒太親密。

「又走走啊？你沒看我的腳，這副德性還能走到哪裡去？」麒哥打趣說著。他突然想到，法老王不是在大學裡教數學嗎？說不定他可以幫忙解開阿智留下的密碼信！

一進法老王家，麒哥就迫不及待地拿出阿智的信：「快點幫我看看！」

那封信是這樣的：

「88：8179，7954，88179，8437，94320，0506，1.181，1.91817，88520。」

法老王接過那封寫滿數字的信，看了一會兒，又若有所思地看了麒哥一眼。

「阿智說什麼？」

「你兒子愛你啦。」法老王擺擺手。

「我不信，寫那麼多數字耶；而且……」麒哥眼神一暗，「他才不會說這麼肉麻的話。」

「唉！」法老王嘆了一口氣，「我可以跟你說阿智寫什麼，但是你要答應我，不准生氣、不准罵人、不准發火、不准掀桌子。」

「好，我答應你。」看著一臉認真嚴肅的老友，麒哥意識到兒子可能寫了什麼很重要的內容。

法老王清清喉嚨：「阿智說：『**爸爸：不要吃酒，吃酒誤事，爸爸一吃酒，不是傷妻，就是傷兒女，動武動怒，一點也不要，一點酒也不**

要吃，爸爸我愛你。』」他把信摺好，還給麒哥：「所以我說你兒子愛你嘛。」

麒哥一時語塞。他知道自己一直在逃避，但是沒想到竟然會讓兒子這麼擔心。也許就是因為阿智一講到戒酒他就生氣，才會用這麼迂迴的方式，希望能讓父親了解他的用心。

「你怎麼看得懂？」麒哥有些慚愧，但也好奇法老王怎麼能一眼就看出兒子信上的內容。

「阿智真的是她的兒子。」法老王笑了笑，「還記得吧，你老婆從以前就很喜歡玩藏密解密的遊戲。」

「我們念文科的一看到數字就頭痛，哪曉得這些。」麒哥苦笑。

「不過數字不但很實用，也很美喔，如果有機會重新認識它們，你就不會這麼排斥了，說不定還會愛上它們呢。」

「拜託，怎麼可能？」麒哥白眼差點翻到後腦杓。

「你天天都在用數字解決大小事情，沒有它，世界根本沒辦法運轉。喏，上次找你去買東西的時候，你一看到打折的東西就黏住不動了。」

「哈！做人就是要精打細算啊，那天買了兩串衛生紙，打完八五折之後一串才一百元出頭耶，很划算呢！」

「你看，『八五折』不就是數字的運算嗎？」法老王指指桌上的電腦，「你應該知道電腦是〇與一構成的吧。」

「這我當然曉得，不過我想一般人頂多就是算算買東西花了多少錢之類的吧，那種很難的數學根本派不上用場。」

「這樣講是沒錯啦，但事實上，古人對數字的依賴，可是遠遠超乎我們想像的喔。」法老王走到電腦前，在鍵盤上敲了幾下，按按滑鼠，隨即出現檢索頁面：

CHAT-ANGEL 結繩的時代

試著想像一下，身處在還沒發明文字與數字符號的時代，該怎麼知道今天是幾月幾號、幾點出門、什麼時候回家呢？某村落的甲要到另一村落拜訪乙，甲如何計算走到乙的村落需要幾天時間？或者彼此應約定幾天後見面，兩人才能如期碰面？

歷史告訴我們，在沒有文字與數字的時代，人們靠著在繩子上打結來計算數字。若甲要計算從自己的村落走到乙的村落需要幾天時間，要怎麼辦到呢？其實很簡單，只要甲每走一天就打一個結，等走到乙的村落時，繩子上所打的結數，就代表甲到乙村落所需的天數；如果甲與乙約定七天後見面，彼此就拿著綁上七個結數的繩子，每過一天，就解開一個結，當繩子上所有的結都解開時，就是見面的日期了。這樣是不是很聰明的作法？藉由綁上繩結的方法，可用來計算和記憶數字，也讓甲與乙很清楚知道要見面的時間。

由於繩結是個相當簡單方便的方法，因此普遍應用在生活上。考古發現，許多古文明都有繩結的蹤跡，其中最為人津津樂道的，就是南美洲印加人所使用的奇普（Quipu 或 Khipu）。印加人使用的繩結系統相當

複雜，也相當發達，他們利用繩子的顏色變化與繩結的數目多寡，來代表不同的涵義，此外還會在一條主繩上繫上數量大量的副繩，但至今仍無法破解其涵義，是許多學者專家待研究的疑問。

古時候的中國也是利用繩結來計數，《易經》上記載著：「上古結繩而治，後世聖人易之以書契。」證明中國有繩結上的應用。

除了繩結的方法外，還發現透過利器在石頭、貝殼、骨頭上刻畫符號用來計數的方式，而在發明了文字與數字之後，繩結和其他刻畫符號的計數方式就漸漸被文字與數字取代，甚少使用了。

看完之後，麒哥忍不住心想：「不會吧，連算日子都這麼麻煩，還好現在有日曆和手機，一看就知道今天幾月幾號了。」

法老王又點選另一個檢索頁面。「就算再怎麼討厭數學你至少也知道什麼羅馬數字、二進位、十進位、十六進位之類的東西吧。而且很多古文明都有自己的計數系統；雖然很多都沒留下來就是了。」

CHAT-ANGEL 數字系統

我們現今所使用的阿拉伯數字，並非一開始就被所有人所使用、接受，在過去的許多古文明中，其實早有發展出屬於自己的數字系統。之後隨著貿易的興盛，帶動了知識的交流，才有了我們現在所使用的阿拉伯數字。

一、羅馬數字系統

羅馬數字系統是大約在西元前九世紀，由居住於義大利半島的古羅馬人所創造的，他們把羅馬數字應用在生活所需的計數問題。儘管古羅馬已不存在，但這一套羅馬數字系統如今依然常見。

羅馬數字總共有七個符號，分別是 I、V、X、L、C、D、M。I 表示 1，V 表示 5，X 表示 10，L 表示 50，C 表示 100，D 表示 500，M 表示 1000，下表是羅馬數字與阿拉伯數字之間的對照。

表 1-1　羅馬數字與阿拉伯數字的對照表

羅馬數字	I	II	III	IV	V	VI	VII	VIII	IX	X
阿拉伯數字	1	2	3	4	5	6	7	8	9	10
羅馬數字	XIX	XX	XXX	XL	L	LX	XC	C	D	M
阿拉伯數字	19	20	30	40	50	60	90	100	500	1000

古羅馬人用這七個符號來表示其餘的數字，並列出相關規則：

(1) 出現幾次就加幾次：例如 I 表示 1，III 則是代表 1＋1＋1＝3。

(2) 左減右加：一個羅馬數字中，出現兩個數字以上的數時，以數值高的數字為基準，舉 C 值（羅馬數字的 100）與 X 值（羅馬數字 10）為例，因 C 值較 X 值高，故以 C 為基準，若 X 在 C 右邊者，則兩數相加（CX 表示 100＋10＝110）；反之，X 若在 C 值左邊，則 C 值減去 X 值（XC 表示 100－10＝90）。在數字上方加上橫線，表示數值乘以 1000 倍，如表示 4×1000＝4000。

(3) 同樣的符號最多只能出現三次，例如 40 應該表示為 XL，而不是 XXXX。

羅馬數字的創造，替古羅馬人解決了不少生活問題，也帶來發展，聰明的古羅馬人運用數字來管理，透過羅馬數字來計算數量，例如計算莊園中的牛羊，或市場上貨品的交易數量。不過，雖然羅馬數字可以表示數值，但是用來計算卻相當不便。

二、古巴比倫數字系統

古巴比倫文明中最為人所知的，莫過於人類史上的第一部法典—《漢摩拉比法典》，以及世上最早的文字—楔形文字。古巴比倫人利用蘆葦削尖後當筆，將字刻於泥板中，這些泥板正是後人研究巴比倫文化的重要依據，而學者們就在許多出土的泥板上，找到了古巴比倫人所使用的數字系統。

根據研究埃及古籍的資料顯示，埃及人數數是以五進位為基準，因為剛好一隻手五根手指頭，很方便，如 1、2、3、4、5，就五根手指頭，那 6 就是 5 加 1，7 就是 5 加 2……但隨著要計數的數字越大，單手的五根手指頭顯得不夠用，這時古人便把腦筋動到另一隻手，以十根手指頭計算，就可補足數字越大造成數數的不便。這樣的作法，確實較為方便，而後來文明發展的數學也多有十進制，如中國一五珠的算盤，即為十進制的計數工具。

但是古巴比倫數字有個特別的進位設計，它同時具有十進位與六十進位兩種，使用的標準很簡單，低於 60 的數字用十進位，60 以上的數字則用 60 進位，下圖為 1～59 的古巴比倫數字。

圖 1-1　古巴比倫數字

從圖中可以很容易看出，60 以下的巴比倫數字，是按照下面的規則來表示的：

(1) 出現幾次就加上幾次，與羅馬數字系統的概念相似，9 以下的數字表示如下所示：

1: ⠀ 2: ⠀ 3: ⠀ 4: ⠀ 5: ⠀

(2) 若是 10 以上的數字則加上十進位的數值：

10: ⠀ 20: ⠀

那麼 60 以上的數字呢？就要回到我們剛剛提到的，60 以上的巴比倫數字是採用 60 進位方式。因此，60 的表示方式依舊是 $\curlyvee$，而要表示 70 就用 $\curlyvee\!\!\prec$。也可以表示很大的數目，例如：

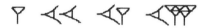

這四個古巴倫比數字，表示為 $1\times60^3+20\times60^2+11\times60^1+15=288675$。

古巴比倫的數字表示方式有個缺點，就是有時無法確定數字所在的位數，因此很容易造成混淆，例如：

$\curlyvee$：可以代表 1 或 60。

$\curlyvee\curlyvee\curlyvee$：可以表示 3，或是 $1\times60^2+1\times60^1+1=3661$。

$\curlyvee\curlyvee\ \curlyvee\curlyvee$：可以表示 $2\times601+2=122$，或是 $2\times60^2+0\times60^1+2=7202$。

雖然古巴比倫數字沒有繼續被使用，但是由於古巴比倫在曆法、天文上的高度成就，現在許多度量衡還是沿用巴比倫慣用的六十進位，例如一小時有 60 分鐘，一分鐘有 60 秒，其他如一年有 365 天、一年 12 個月等，這些由古巴比倫人所制定，沿用到現在。

「我問你一個冷知識。」看完與數字相關的歷史後，法老王開口問麒哥：「羅馬人發明羅馬數字，巴比倫人發明巴比倫數字。那阿拉伯數字是誰發明的？」

麒哥皺皺眉：「你當我是笨蛋喔？會問這種問題，就表示阿拉伯數字不是阿拉伯人發明的，但如果不是阿拉伯人的話⋯⋯呃，我真的不知道是誰；而且，如果不是阿拉伯人發明的，為什麼要叫『阿拉伯數字』？」

法老王笑了起來。「不錯嘛，我還以為你會掉進陷阱裡呢。事實上，發明阿拉伯數字的，是印度人。至於為什麼叫『阿拉伯數字』，那是因為西元七六〇年左右，有個印度人跑到阿拉伯去，把《西德罕塔》這本有關天文學的書籍獻給當時的阿拉伯國王。國王覺得這本書不錯，叫人把書譯成阿拉伯文，又發現裡面的印度數字還挺好用的，就把它改良了一下，廣泛流傳到今天。」

「所以其實是阿拉伯國王『好康道相報』？」

「沒錯。阿拉伯人透過戰爭和貿易，輾轉把改良後的印度數字傳播到歐洲，取代了歐洲人原本使用的羅馬數字，所以歐洲人才會叫它『阿拉伯數字』。」

「而且⋯⋯」麒哥用手指在掌心畫了幾筆。「阿拉伯數字跟羅馬或巴比倫數字比起來，有一個很不一樣的地方：羅馬數字和巴比倫數字都是由線段組成的，可是阿拉伯數字的筆畫都是圓弧；還是現在的阿拉伯數字寫法已經跟一開始不一樣？」

「哇，你今天是開竅了嗎，求知慾這麼旺盛喔？」法老王故意虧了麒哥兩句，隨即又認真起來。「你的推論沒有錯，現在阿拉伯數字的寫法跟以前不太一樣，重點在於『角度』。」

「角度？」麒哥滿腹狐疑，好奇地看著法老王在電腦上搜尋。

CHAT-ANGEL 阿拉伯數字

　　我們現今所使用的阿拉伯數字，其實與古時的寫法有相當大的差異。實際上，阿拉伯數字的「數」與「角度」有著一定的規則：有一個角度的就是代表數字「1」，有二個角度的就是代表「2」，有三個角度的就是代表「3」……依此類推。如下圖所示，圓點所標注之處就是數字的角度，而「0」很清楚地看出是沒有角度。

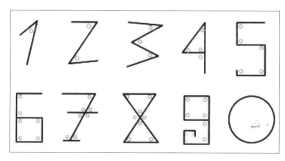

以角度表示的阿拉伯數字

「我從來沒想過還有這種典故耶。」

「我也一樣。如果不是為了引起學生的興趣，讓他們知道數學背後有趣的小故事，我也不會想到去找這些東西。」法老王挑挑眉，一副「這年頭老師也不好當」的表情。

「接下來是我最喜歡跟學生聊的概念。」沒等麒哥搭腔，法老王又接著問：「你覺得『0』這個數字有沒有什麼特別的？」

「『0』？」麒哥歪著頭想了想，「『0』就是『沒有』啊，有什麼特別的？」

「還好你不知道，不然我就沒戲唱了。」法老王又點開網頁。「印度人最初發明阿拉伯數字的時候，並不包括『0』；其他的古文明也一樣，因為數字的出現主要是幫助人們算數。就像你會說今天買了『五顆蘋果』，但不會說買了『0』顆蘋果，頂多是說『沒買蘋果』。我們的生活中不需要『0』這個數字，所以才一直沒發明出來。但是如果沒有『0』，就沒辦法處理更複雜的運算，更不要說什麼數學理論、微積分、各種工程科學，甚至是解開宇宙的奧祕了。」

CHAT-ANGEL 你知道嗎？

「0」的寫法，是於西元五世紀由古印度人所發明，之後才被傳入歐洲，並一直被沿用至今。但實際上，古埃及早在西元前兩千年就有記載，記帳時用特別的符號來代表「0」。

起初，「0」這個符號被引入西方時，曾被認為是「魔鬼數字」，甚至被禁用。因為當時西方人普遍認為所有的數都是正數，而且「0」這個數字的存在會使得很多算式及邏輯不能成立（如：除以0）。直至約西元十五、十六世紀，「0」和負數才為西方人所接受，進而推動數學的進展。

「好吧，我承認數字的小故事還滿有趣的，不過要愛上它，應該還早。」聽完看完法老王準備的解說，麒哥心情輕鬆不少，原本的煩悶與苦惱早就煙消雲散。

「這樣吧，你幫我個忙如何？」法老王起身走到書架前翻了翻，抽出一份資料。「現在啊，科技已融入我們的生活，在科技與生活密不可分之下，也更凸顯資安的重要。科技的信任在電腦或手機的使用上就是資訊安全與密碼了，所以資安也就跟著夯了起來，明年我要在大學部開個通識課，來修課的同學應該有很多是像你一樣，看到數字就想睡覺的人。我想請你來幫我做個『實驗』，看看我的課程架構有沒有需要調整修改的，也可以看看成效如何。」

「怎麼幫？」麒哥接過法老王遞來的資料，好奇地翻了翻。

「簡單來說，就是我出作業給你，你寫完之後我們再來討論。」

「我才不要。都幾歲了還在寫作業？我還有店要顧，而且我真的不喜歡數學。」麒哥一聽，連忙拒絕，急著把資料塞回法老王手裡。

「你不要拒絕得那麼快嘛。」法老王一臉為難，「不然這樣好了。之前人家送我一支很棒的麥卡倫威士忌，我自己還捨不得喝。如果你答應幫忙的話，結束後我就把它送給你。」

法老王知道自己走的是一步險棋。當然，要看看課程設計有沒有問題固然是真的，但如果能藉這個機會轉移麒哥的注意力，甚至讓他找到新的興趣，那不是更好嗎？也許用酒來引誘他並不是什麼好主意，不過他心裡暗自希望，到那個時候麒哥已經不需要用酒精來麻醉自己了。

聽到「麥卡倫」三個字，麒哥忍不住頓了一下。高級威士忌的吸引力果然不凡。他想了想，一直以來都是法老王在幫他的忙，就算不看在好酒的份上，也該看在幾十年老朋友的份上。如果阿智的密碼信是老天給他的機會，那麼他是不是應該好好把握、好好修補和兒子的關係呢？

「我知道了，就幫你吧；不過話說在前頭，我絕對不是看在酒的份上喔。」麒哥終究鬆口答應。

「太感謝了！要是沒有你，我還真不知道該找誰幫忙。」法老王順著麒哥的話說，又把資料塞回麒哥手裡。

「作業是什麼？」

「我另外有些有趣的書呢，這裡面有幾個數字。」法老王覺得現在時機正成熟，就另外拿了一些書給麒哥並指著其中一頁。「我希望你能去找找看這些數字在科學上、在生活中的意義；冷知識也沒有關係。寫完之後跟我說，我們再來討論。」

「聽起來好像有點難……」麒哥有些卻步。

「不要太有壓力，因為課程是設計給全校學生的，所以越生活化越好。」法老王連忙安撫。

「我知道了，我會試試看的。」麒哥點點頭。

「那麼，萬事拜託了。」

連日以來，工作之餘麒哥就抱著法老王的書，翻著書裡的數字遊戲，心想，這次非得好好徹底了解數字才行。這樣再見面時，一定能讓法老王刮目相看。同時，麒哥也十分感動於阿智的孝心，若不是兒子阿智的「數字信」，麒哥或許就沒有機會了解數字有趣之處。「我可真是生了個好兒子呢！」麒哥開心地想著。

幾天過後，麒哥騎著機車帶著這份花了數天時間所做的功課，準備前去拜訪法老王。在往法老王家的路上一邊騎還一邊沾沾自喜，

沉浸於這幾天的收穫。腦中盡是浮現數字的旋律，「1, 2, 3, 4, 5, 6, ...,
911, ∞」。

　　就如法老王所猜想的一樣，麒哥的這份「數字報告」並不只是份書
面報告而已。而是一個中年男子，在痛苦潛隱了二十年後，所想做出的
改變。這份報告不僅有著麒哥對數字的熱忱與久違對知識的成就感，更
是麒哥人生重新開始的第一步。

麒哥小筆記　數字報告

1

- 1 是最小的正整數、奇數、平方數，也是「費波那西數」
  （Fibonacci number）：由先前的兩數相加所得到的數字，1、
  1、2、3、5、8、13、……，但卻不是質數。
- 在音樂簡譜上，1 代表 Do。
- 1 通常是貨幣基本面額，如 1 美元、1 英鎊。
- 電腦使用的二進位系統中，只有 0 與 1 兩個數字，透過 0 與 1 的
  變化，1 代表高電位，0 代表低電位，造就了電腦網路的發展。

2

- 2 是唯一的偶數質數，也是「費波那西數」。
- 一個數的尾數，若能被 2 整除，即是偶數。
- 人的身體很多是成對，如耳朵、手、腳、眼睛。
- 相加、相乘的結果完全相同：$2 + 2 = 4$，$2 \times 2 = 4$。

- 在音樂簡譜上，2 代表 Re。

- 圖形上，任意不同的 2 點可形成一條直線。

3

- 3 是一個三角形數。三角形數指的是：一定數目的點在等距離的排列下，可形成一個等邊長的三角形。例如 3 個點可以組成一個等邊三角形，因此 3 是一個三角形數。

- 化學元素表中，鋰的原子序為 3。

- 音樂簡譜上的 3 代表 Mi。

- 眼睛所見的大部分顏色是由 3 種基本色（3 原色）混合形成，因為我們的眼球有 3 種視錐細胞。

- 幾何學定理中，3 個不共線的點可形成一個平面。

- 判斷某數是否為 3 的倍數時，可將該數的數字相加算出總和，若為 3 的倍數，數字和必定可被 3 整除。例如 123，$1+2+3=6$，為 3 的倍數，$123 \div 3 = 41$，餘數為 0，因此 123 為 3 的倍數。

4

- 4 為一個平方數，因為 $2^2 = 4$，而偶數裡當為 4 的倍數時可以是兩個數的平方差，它的表示式為 $4a = b^2 - c^2$。

- 判斷是否為 4 的倍數時，可觀察數字末兩位是否為 4 的倍數，末兩位若為 4 的倍數，則此數必為 4 的倍數。例如：364，末兩位數 64 能被 4 整除，就可得知 364 也必為 4 的倍數。

■ 音樂簡譜上的 4 代表 Fa。

■ 4 是自然數中第一個不是費波那西數的數。

■ x 軸與 y 軸兩垂直交叉可形成 4 個象限（正正、負正、負負、正負）。

■ 4 維空間：長、寬、深度、時間。

5

■ 5 是一個質數，由於其他以 5 為個位數的數字都是 5 的倍數，因此 5 是唯一以 5 為個位數的質數。

■ 音樂簡譜上 5 代表 Sol。

■ 5 通常是貨幣基本面額，如 5 美元、5 臺幣。

■ 英文「give me five」表示擊掌，有歡呼、勝利、打招呼的意思。

■ 五行思想：木、火、土、金、水為萬物的根本。

6

■ 6 是一個「完美數」，指的是某一數 n，其因數加總合為其數 n 本身。6 的因數 1、2、3，加總的數為 $1 + 2 + 3 = 6$，因此 6 是一個完美數。

■ $6 = 1 + 2 + 3$，所以 6 是「三角形數」。

■ 數字和為 6 的倍數者，該數字為 6 的倍數。例如：1944，$1 + 9 + 4 + 4 = 18$，18 為 6 的倍數，所以 1944 為 6 的倍數。

■ 蜜蜂以正 6 邊形的幾何圖案來建築蜂巢。

- 化學元素表中，碳的原子序是 6。

- 音樂簡譜上 6 代表 La。

7

7 為除數時，小數點後的數字會不斷重複，例如：

$$\frac{1}{7} = 0.\overline{142857}, \quad \frac{2}{7} = 0.\overline{285714}, \quad \frac{3}{7} = 0.\overline{428571}$$

- 化學酸鹼度的檢驗中，pH＝7 者為中性。

- 音樂簡譜上 7 代表 Si。

- 古代將北斗七星視為黃帝的象徵

8

- 數字的末三位為 8 的倍數者，必為 8 的倍數。例如 1544，544 能被 8 整除（544÷8＝68），可得知 1544 也必為 8 的倍數。

- 化學元素表中，氧的原子序為 8。

- 太陽系有 8 大行星：水星、金星、地球、火星、木星、土星、天王星及海王星（冥王星在二〇〇六年降為矮行星）。

9

- 判斷某個數是否為 9 的倍數，可將數字相加算出總和，若數字和為 9，則為 9 的倍數。例如 207，2＋0＋7＝9，能被 9 整除，所以能確定 207 為 9 的倍數。

- 化學元素表中，氟的原子序為 9。
- 「九九重陽」取諧音「久久」的長久、長壽之意，定九月九日為敬老節。

10

- 階乘 10！＝3！5！7！，10！等於三個奇數 3！、5！、7！相乘。
- 10 是三個質數的總和（2＋3＋5＝10）。
- 10 通常是貨幣基本面額，如 10 美元、10 臺幣。
- 一個數的個位數為 0 時，這個數就可以被 10 整除。
- 古代曆法中，有 10 個天干（甲、乙、丙、丁、戊、己、庚、辛、壬、癸）。

11

- 化學元素表中，鈉的原子序為 11。
- 「11 路公車」是指用雙腳走路。
- 11 月 11 日為臺灣的雙胞胎節。

12

- 12 也等於 1！、2！、3！這三個階乘相乘。
- 12 個俗稱為「一打」，為常見的數量計算單位。

- 古代曆法中，有 12 個地支（子、丑、寅、卯、辰、巳、午、未、申、酉、戌、亥）。天干地支配合在一起，就形成了 60 循環的紀年、月、日方法。

- 化學元素表中，鎂的原子序為 12。

- 電話有 12 個按鍵：1、2、3、4、5、6、7、8、9、0、#、＊。

13

- 化學元素表中，鋁的原子序是 13。

- 西方人對 13 有很深的忌諱。緣於兩種傳說：

  其一，傳說，耶穌受害前和弟子們共進了一次晚餐。參加晚餐的第 13 個人是耶穌的弟子猶大。而猶大為了三十塊銀元，便將耶穌出賣給祭司長，使得耶穌被釘上十字架。參加最後晚餐的是 13 個人，晚餐的日期又恰逢 13 日，「13」給耶穌帶來了苦難及不幸。因此，「13」被認為是不幸的象徵。「13」也變成背叛和出賣的同義詞。

  其二，西方人忌諱「13」源自於古希臘。希臘神話中記載，在哈弗拉宴的會上，共有 12 位天神出席。宴會中，煩惱與吵鬧之神洛基不請自來，而他剛好是第 13 位客人，他的到來使得天神寵愛的柏爾特送了性命。

14

- 在化學的酸鹼度檢驗中，pH 值最高為 14。

- 2 月 14 日是西洋情人節。

- 化學元素表中，矽的原子序是 14。
- 依據中華民國刑法，未滿 14 歲人之行為，不罰，但可施以感化教育。

16

- 中國象棋中，雙方各有 16 顆棋子，分別為將（帥）、士（仕）、象（相）、車（俥）、馬（傌）、砲（炮）、卒（兵）。
- 電腦系統進位制中，常使用 16 進位。
- 化學元素表中，硫的原子序是 16。
- 半斤 8 兩，一斤 16 兩。

18

- 依照中華民國刑法，18 歲為成年，需為自己行為負責，已無減輕或不罰的規定。
- 佛教認為地獄共有 18 層，每層都比上一層痛苦 20 倍。
- 佛教有 18 羅漢，為佛祖弟子，負責弘揚佛法。
- 18 的十位數與個位數相加為 9，剛好是 18 的一半。
- 18K 金為黃金飾品的一種規格。

20

- 化學元素表中，鈣的原子序是 20。

- 20 通常是貨幣基本面額，如 20 美元、20 港幣。

- 正多面體的面數，最多為正 20 面。

- 中華民國民法以 20 歲為成年。

21

- $21 = 1 + 2 + 3 + 4 + 5 + 6$，是一個三角形數，而一般骰子點數的總和也是 21。

- 撲克牌遊戲的 21 點，以兩張牌的總和為 21 者最大。

- 部分賭場年齡限制為 21 歲。

23

- 人類的細胞中，有 23 對染色體。

- 美國 NBA 職籃明星麥可・喬丹的球衣背號為 23。

- 日本東京分為 23 區。

- 以機率來說，一群人的人數若達 23 人，有兩人生日同一天的機率就會大於 50%。

24

- 我們的農曆依據太陽在黃道上的位置，將一年分為 24 節氣：立春、雨水、驚蟄、春分、清明、穀雨、立夏、小滿、芒種、夏至、小暑、大暑、立秋、處暑、白露、秋分、寒露、霜降、立冬、小雪、大雪、冬至、小寒、大寒。24 節氣讓農民得以在合適的季節種植各種作物。

- 24K 金表示純金。

26

- 「2266」是臺語諧音，零零落落的意思。

- 26 的立方數，$26^3 = 17576$，將這些數字加起來，$1 + 7 + 5 + 7 + 6 = 26$，實在是相當的奇妙。

28

- 28 的因數加起來也等於 28，$1 + 2 + 4 + 7 + 14 = 28$，因此 28 為一個完美數。

- 「二八年華」形容年齡十六歲的少女。

- 中國星宿數目為 28，分別為：角、亢、氐、房、心、尾、箕、斗、牛、女、虛、危、室、壁、奎、婁、胃、昴、畢、觜、參、井、鬼、柳、星、張、翼、軫。

- 28 剛好是五個質數的總和，$28 = 2 + 3 + 5 + 7 + 11$。

- $1 + 2 + 3 + 4 + 5 + 6 + 7 = 28$，因此 28 是個三角形數。

30

- 子曰：「吾十有五而志於學，三十而立」。

- 「飢餓 30」是世界展望會舉辦的活動，讓參與者感受飢餓，並為非洲饑民募款。

72

- 72 是四個連續質數的總和（$72 = 13 + 17 + 19 + 23$），也是六個連續質數的總和（$72 = 5 + 7 + 11 + 13 + 17 + 19$）。
- 72 等於兩個連續質數的平方差（$72 = 11^2 - 7^2 = 19^2 - 17^2$）。
- 在《西遊記》中，孫悟空會 72 變，引申成語為變化多端的意思。在《水滸傳》中，故事主角 108 條好漢，是由 36 個天罡星和 72 個地煞星轉世的。
- 72 是兩個質數的差，$31469 - 31397 = 72$。

101

- 101 是質數，也剛好等於連續五個質數的總和（$13 + 17 + 19 + 23 + 29$）。
- $101 = 5! - 4! + 3! - 2! + 1!$。
- 「101 忠狗」是著名的迪士尼動畫。
- 臺北 101 是臺灣的地標，總共有 101 樓層。

666

- 666 為連續七個質數平方總和（$2^2 + 3^2 + 5^2 + 7^2 + 11^2 + 13^2 + 17^2$）。
- 666 是一個三角形數，是 1 到 36 的總和。
- 賭場的輪盤數字為 0 至 36，因此剛好輪盤上數字的總和為 666，也叫做魔鬼輪。

■ 6 在中國因為發音與「祿」相似，因此是個吉祥的數字，「六六大順」就是我們常說的吉祥話。

911

■ 911 是美國與加拿大的緊急求助電話，在亞洲，包括臺灣、日本，則為 119。

■ 911 是三個連續質數的總和（293＋307＋311）。

■ 二〇〇一年九月十一日，蓋達組織發動 911 恐怖攻擊事件，在美國本土進行一系列的恐怖自殺式攻擊。主謀奧薩瑪·賓拉登於二〇一一年五月在巴基斯坦遭美軍逮捕擊斃。

無限符號∞

■ ∞這個符號是表示無窮或無限的意思。

■ ∞並不是真的數字，而是一個概念。

■ 動畫電影「玩具總動員」主角之一巴斯光年的口頭禪是：「飛向宇宙，浩瀚無垠！」（To infinity and beyond!）。

■ 《莊子》記載了惠施與人辯論的一個題目：「一尺之棰，日取其半，萬世不竭」，正是屬於無窮小的概念。

■ 中國古代的數學家劉徽，利用圓內接正多邊形的面積，來計算圓面積，把多邊形的邊數逐漸加倍，算出的面積就與圓面積越來越相近，稱為「割圓術」。這是利用到無窮分割的概念。

麒哥筆記 來看看你累積了多少功力！

- 繩結：在過去沒有數字的時代，人們最為直觀的計數工具。

- 數字系統：是指用符號來計數的一套系統或體系。

  - 羅馬數字系統：羅馬數字總共有 7 個符號，分別是 I、V、X、L、C、D、M。I 表示 1，V 表示 5，X 表示 10，L 表示 50，C 表示 100，D 表示 500，M 表示 1000。

  - 古巴比倫數字系統：古巴比倫數字系統同時具有十進位與六十進位兩種，低於 60 的數字用十進位，60 以上的數字則用 60 進位。

  - 阿拉伯數字系統：雖稱為阿拉伯數字系統，但實際上是由古印度人所創造。阿拉伯人輾轉將這些數字傳播到了歐洲，取代了原先歐洲使用的羅馬數字，也就因此這些數字被稱為阿拉伯數字。

第二章

獨一無二 vs. 孤芳自賞

本章摘要

不同於過去的三分鐘熱度，麒哥在拿到法老王所給的資料後，不但仔細研讀，還做了一份「數字報告」，急著與法老王分享。博學多聞的法老王也趁著這個機會跟麒哥說明數字的有趣之處，並點出質數的奧妙處，也藉由改編〈韓信點兵〉與〈羅密歐與茱麗葉〉的故事，向麒哥講解「中國剩餘定理」與「摩斯密碼」，並從中說明與資訊安全的關係。麒哥在興奮之餘，也十分感激法老王及阿智，並暗自下定決心，一定要更努力學習，在兒子阿智面前揚眉吐氣。

法老王解惑

這一章有什麼內容呢？

1. 質數與合數
2. 質數的個數
3. 質數如何尋找

4. 費馬與質數
5. 中國剩餘定理
6. 摩斯密碼

法老王上回拿了與數字有關的資料給麒哥，按理來說，以麒哥往常的個性，恐怕也只是三分鐘熱度。但由於兒子阿智的「數字信」及對妻子的懷念，這一次麒哥竟重新對數字產生了興趣，真的把法老王所提供的書中資料做了一番研究，也迫不及待地想向法老王炫耀他努力的成果。

法老王捧著麒哥的第一次作業，仔細讀了一會。雖然回答的字數不多，但是看得出來他並沒有敷衍了事。想了想，他隨手抓起一枝筆，把「2」「3」「5」「7」「11」「13」「23」「101」和「911」幾個數字圈了起來，然後再遞回給麒哥。

「說句實在話，你如果真的是我的學生，看到你的作業，我一定會很感動。」法老王看到麒哥臉上露出有些害羞的表情。

「看看我圈起來的這些數字。你知道它們有什麼共通性嗎？」

「共通性？」麒哥端詳著。奇數？不對，「2」不是奇數啊，而且還有很多奇數沒有圈起來。那麼它們的共通性會是什麼呢？

「你一定知道答案，只是需要一點點提醒……」法老王並不想太快告訴麒哥謎底。「提示是：它們都很『孤獨』。」

孤獨？坦白說，麒哥完全不覺得這是什麼好提示。孤獨的數字？孤獨……，麒哥若有所思的一會兒後，神情裡突然眼睛亮了。

「我知道了，它們都是『質數』；不過你那是什麼提示，文謅謅的。」

「還不是怕你一聽到數學就頭痛，而且你不覺得這個提示很有哲理嗎？你應該還記得以前學過關於質數的性質吧！沒有其他因數，除了一，只有自己，不是孤獨是什麼？」

「好啦好啦。」麒哥敷衍了兩句，「現在已經知道它們是質數了，然後呢？」

「你也太不給面子了吧！」法老王苦笑著。「以前我們上數學課的時候，有講到數字可以分成『質數』和『合數』兩種。質數就像剛剛說的，除了一以外，沒有其他的因數，也就是沒辦法被其他大於一的正整數整除；至於『合數』，就是除了一和自己之外，還有其他的因數。」

「為什麼要特別講質數？它有什麼重要的地方嗎？」

「你講到重點了。」法老王彈了下手指。「千萬不要小看質數，它們因為孤獨，所以也很特別。對現代社會來說，質數可是跟密碼、網路安全保護息息相關喔！」

「密碼？」麒哥很自然地想到那天阿智所寫的「數字信」。

那天請法老王幫忙解開阿智的「數字信」後，麒哥找了個機會和阿智稍微聊了一下；這或許是父子兩人這麼多年來第一次深談。麒哥很清楚，多年來的疏離無法一下子就拉近距離，但至少要讓阿智知道，自己不是不愛他，只是一直沒有機會，也不知道怎麼把心裡的話說出來。如果真的有一天，父子倆可以無話不談，那麼到了那個時候，相信他們就不會再需要用密碼來隱藏真正的訊息了吧⋯⋯

法老王發現麒哥突然走了神，雖然不確定他在想什麼，不過對老師而言，看到學生在課堂上恍神可是一大打擊⋯⋯

CHAT-ANGEL 你知道嗎？

「質數」，是指任何大於 1 的正整數，除了 1 和本身以外，沒有其他的因數（也就是不能被其他的數整除），就叫做「質數」。例如數字報告中的：2、3、5、7、11、13、23、101、911 等。

「合數」，是指質數之外的其他正整數。這些數字除了 1 和本身以外，還有其他的因數，如 2 或 3 或 5 等，例如數字報告中的：4、6、8、9、10、12 等。

「麒哥，你能說出 1~100 以內的質數嗎？」法老王故意咳了幾聲後說。

質數是奠定密碼學的重要基礎，法老王不敢一開始就下猛藥，使麒哥望而生怯。學習總得一步一步來，很難一蹴可幾。法老王心想：「我必需循循善誘，讓麒哥有著脈絡去思考數字與密碼的關聯。」

麒哥仰著頭，腦袋中接著閃過好幾個數字「2、3、5、7、11、13、16…？ 16 不是質數，它有 2 的因子。17、23、29…」，越到後面，麒哥便覺得思緒遲鈍，因為隨著數字越大，要確定是否為質數就越顯得困難。

看到麒哥搔著頭，法老王就猜到麒哥正陷入質數判定的問題中。

不一會兒的時間。「法老王，1~100 的質數有 23 個，對不對？」麒哥語氣略顯遲疑地回答著。

「是不是覺得越到後面，質數就越難數？這還是一百的數字而已，十萬、千萬，甚至是億萬，就更難確定是否為質數了。你剛剛所數的質數，還少 2 個喔！」法老王說。

「還少 2 個！質數真得是麻煩啊！」麒哥哀號道。

「其實質數若是數字少還容易算出，但一多了，就得多花時間確認。」法老王接著說道。「你也不用覺得麻煩，這些麻煩事，其實還有人當成有趣的事花心思整理出一些規則呢！」

「真的嗎？什麼規則？」麒哥說。

「你不是有帶來我給你看的書嗎？」法老王說。

麒哥指著沙發前地上的袋子。「有啊！你看，在這袋子裡。」麒哥說。

「來，你把書拿出來。」法老王說。

麒哥彎下身，把書拿了出來，並整齊地擺在沙發旁的茶几上頭。

法老王翻了一下書，看了看封面的書名指著其中一本書。「對，就是這一本。」法老王說。

翻開書，法老王很快地在用筆指著一個段落。

「來，看這裡。」法老王說。

「質數有無窮個，」麒哥念了法老王所指的標題。

「這裡有些數字跟說明。」法老王接著說。

CHAT-ANGEL　質數有無窮個

　　假設質數為有限多個，所以會有一個最大的質數，依序為 2、3、5、⋯、P_n，其中 P_n 為最大質數。

　　令 $Q = 2 \times 3 \times 5 \times 7 \times \cdots \times P_n + 1$。

(1) Q 若為質數：由假設知質數為有限個，且最大質數為 P_n，$Q = 2 \times 3 \times 5 \times 7 \times \cdots \times P_n + 1$，$Q$ 為質數且又大於質數 P_n，產生 Q 若為質數但 P_n 已是最大質數的矛盾。

(2) Q 若為合數：由合數的定義可知，在 1 及本身之外，Q 有其他的因數，而 $Q = 2 \times 3 \times 5 \times 7 \times \cdots \times P_n + 1$，$Q$ 又無法被因數 2、3、⋯、P_n 整除，因為皆有餘數 1，產生 Q 若為合數但無法有除了 1 和本身外的因數的矛盾。

　　換言之，命題假設質數為有限個不成立，也就是說質數為無窮多個。

　　「那可是有名的一個證明方法，叫做歐幾里得（Euclid）的反證法。法老王說。「歐幾里得用了嚴謹的數學理論，利用矛盾反證質數有無窮多個。這個證明其實不難，不過我先讓你知道質數是數不完的。」

　　「這個證明看起來好似很簡單，卻能說明質數是數不完的，真厲害。」麒哥說。

　　「是啊，數學家的確不簡單，能用幾句話即能清楚說明事實。」法老王呼應著說。「有了這個概念後，我們再來想想如何儘可能找到數的出來的質數。」

「對啊，要怎麼找尋質數？」麒哥再說了一次。

「你剛剛不就吃了一個質數的悶虧，數錯了質數的個數嗎？」打鐵趁熱，法老王想刺激著麒哥，開麒哥一個玩笑。

「是有一些特別的方法可以快速找出質數嘛嗎？」麒哥問。

「沒錯，是有的。不過先賣個關子，問你一個生活問題。」法老王說。

法老王似乎不想那麼早就將答案告訴麒哥，不過麒哥也熟悉著法老王的說話方式。法老王這麼問，也許又有些新鮮話題呢。

「麒哥，你有『摸蜆』的經驗嗎。以前我們小時候，在放學後，一大群小朋友就會相邀去溪裡面摸蜆，挽著褲管把溪中泥沙挖起，將蜆挑出來。麒哥你來說說，蜆怎麼跟沙子分開。」法老王問著麒哥。

「很簡單啊，拿一塊布。在布上面戳幾個小洞。之後將從溪裡上挖起來的泥沙放在布上，像我這樣在溪水上晃啊晃啊，就有一堆的蜆啦！當然洞不能戳太大，不然蜆也會掉出去。」麒哥毫不思索地回答。

法老王見到麒哥很認真地擺動他的手，左右來回晃的，有點滑稽。

「哈，你蠻有經驗的啊，麒哥。不過，你應該想不到『摸蜆』也可以跟質數扯上關係吧。」法老王說。「其實很多學問在我們生活上就會找到解答，就像質數的找尋。過去的數學家埃拉托斯特尼（Eratosthenes）就用『摸蜆』的方法找出了質數，也就是說，他也用『挖洞』的方式拿掉不是質數的數字。」

　　麒哥眼睛瞇瞇地歪著頭看著法老王。質數與「摸蜆」，真是八竿子打不著啊，無法想像這兩者有何關聯。

　　法老王不思索地拿出一張白紙，便在白紙上寫上 1~100 個數字。然後邊說邊圈選一些數字。

　　「在二千多年以前，一位古希臘數學家埃拉托斯特尼針對找尋質數方法進行探究，他以土法煉鋼的方式，在一張羊皮紙上寫上自然數列之後，逐一將 2 的倍數、3 的倍數、5 的倍數等數字挖掉，因而找出開頭幾個質數。就像摸蜆一樣，若想將蜆留下去掉沙子，就是拿塊布將沙石包裹住，並戳幾個如沙子般大小的洞，然後左右搖一搖，沙子就順著洞漏出，而蜆因洞口太小被保留了下來。埃拉托斯特尼的方法也像是這般原理，從羊皮紙上將質數倍數的數字依序刪掉，如同篩子般將非質數的合數去掉，篩選出質數，這雖然很費工，但卻不失為有效找出質數的好辦法。」法老王說。

　　說完，法老王將圈選好的質數拿給了麒哥。

　　「1 個、2 個、3 個、…、24 個、25 個，是耶。1~100 的質數，真得是 25 個。不過這個方法好像有點不太實用，如果 100 換成 10,000，也要數很久耶！」本來表情有點舒緩的麒哥，又皺起了眉頭看向法老王。

　　「剛才不是正說著『要站在巨人的肩膀上』嘛，這只是一個開端。」法老王說。「除了剛剛最基本的方法外，後來也有許多數學家提出相關尋找方法，其中比較著名的，就是 17 世紀初法國數學家梅森（Marin Mersenne,1588~1648）所提出的梅森質數（Mersenne Primes）。」

話畢只見法老王寫出一個很短的式子「$2^n - 1$」。

「這個就是梅森質數？未免也太簡化了吧！」麒哥覺得不可思議，剛剛還大費周張地在圈選質數。

「你算算囉，來確定這個式子的結果是不是可以成為質數。」法老王說。「不過梅森質數「$2^n - 1$」裡的 n 也要求得是質數呢。」

麒哥還真的老老實實的從 $n = 2$ 的質數開始帶入梅森質數的式子。

「$2^2 - 1 = 3$，$2^3 - 1 = 7$，$2^5 - 1 = 31$」，算到這時，麒哥心想「不會吧，這麼簡單的式子就代表了所有的質數。」

正當麒哥不禁要佩服梅森時「咦？$2^{11} - 1 = 2047 = 23 \times 89$，不是質數？有漏洞喔！」麒哥喊著。

「看來你發現這個式子懸疑的地方了。其實梅森尋找質數的方法相當的簡單，但是梅森質數計算出來的結果，不一定全部是質數。例如梅森質數在代入 $n = 2$、3、5、7 等質數時，計算的結果也都為質數。但當 $n = 11$ 時，所得出的結果 2047 卻能分解成 23×89 二個因數，並不是質數。」法老王說。

「那這樣還不是沒有辦法完全確定啊。」麒哥嘆說。

「別失望，雖然梅森質數的結果雖不是完美，但梅森在於尋找質數的研究為後人開了一條大路。我們現在找出最大的質數就是用梅森質數的式子所找出，我記得這個質數叫做第 48 個梅森質數，總共有一千七百萬位數。」法老王說。「梅森建立質數公式 $2^n - 1$。雖然質數公式下的數字未必全為質數，但現今我們仍會使用到梅森的質數公式，主

要原因在於現今電腦系統採用二進制，以 0 和 1 構成數位世界，梅森的質數公式剛好符合電腦二進制需求，配合現代電腦高速運算能力，使得能找尋的質數越來越大。」

　　或許講得起勁，法老王未等麒哥是否還聽懂梅森質數的內容，就接著講另另一個質數公式「$2^{2^x}+1$」。

　　「我跟你說有另一個公式，這個公式由費馬（Pierre de Fermat）提出，費馬是十七世紀最偉大的數學家之一，素有『業餘數學家之王』的稱號。雖然他在近三十歲時才開始認真專研數學，但他在數學領域的成就著實不凡。費馬找質數 P 的公式為「$P=2^{2^x}+1$」法老王說。

　　法老王說著的同時寫了一些數字在另張白紙上。

$x=0$ 時，$P_0 = 2^1 + 1 = 3$；

$x=1$ 時，$P_1 = 2^2 + 1 = 5$；

$x=2$ 時，$P_2 = 2^4 + 1 = 17$；

$x=3$ 時，$P_3 = 2^8 + 1 = 257$；

$x=4$ 時，$P_4 = 2^{16} + 1 = 65537$；

$x=5$ 時，$P_5 = 2^{32} + 1 = $ ？

　　「你看，這些數字。」法老王提醒著麒哥說。

　　「當 x 為 0、1、2、3、4 時，由於數值不大，容易檢查是否為質數，至 $x=4$ 時，所得的數皆為質數。但當 $x=5$ 時，所得的數並非質數。」法老王說。

「為什麼 $x = 5$ 在當時未被檢查出呢？」麒哥問。

「那是因為以費馬當時的環境，要計算 $2^{2^5} = 2^{32}$ 是相當耗時費力，可說是不可能的任務。因為這個數字實在太大了，很難以證明 $x = 5$ 時，代入質數公式所得到的數是否為質數或是合數，就連費馬本人也只檢查到 $x = 4$。於是費馬根據前幾項數值檢查過後皆為質數，便猜測只要是利用這個公式計算出來的數值，一定是質數，而費馬所提出的質數公式也成為有名的費馬猜想之一。」法老王說。

「看來要算出費馬公式下的質數，還真不簡單啊，最起碼要有耐心。要是我啊！想到要算 2^{32} 這個數字，手腳都會軟了。」麒哥快人快語地說。

「所以才讓你從數字觀察開始，找出一些關係，引出了興趣，耐性就會有了。」法老王說。

「對了，我再說個費馬質數的典故給你知道。」法老王說。

法老王試著從數學史裡找出些故事以點燃麒哥的興趣。

「什麼故事？」麒哥問。

「最先證明這個費馬所提質數公式的人，是十八世紀瑞士大數學家歐拉（Euler，1707~1783）。1732 年，歐拉針對費馬的這個猜想提出驗證方法，證明了利用費馬所提出的質數公式裡當 $x = 5$ 時，$P_5 = 2^{2^5} + 1 = 4294967297 = 641 \times 6700417$ 很清楚地說明 P_5 不是質數。之後數學家們再也找不到這個質數公式所認為能找到的質數。雖說現今電腦計算速度早已提升，非昔日費馬時代的紙筆計算所能相較，但用電

腦所算出的數字至今，P_x，$x = 5, 6, 7, \cdots$，所計算得到的數字也都是合數，不是質數。」法老王接著說。

「唉呀！這個費馬所提出的質數公式可真折騰我們現代人呢！」麒哥說。「我覺得數字愈大愈沒有把握找到。」

聽著法老王講的起勁，頭頭是道，還提到「梅森質數」、「費馬質數」等對於麒哥來說不亞於天方夜譚的名詞，麒哥可是費勁地想著前因後果，切換思緒沈浸在質數的計算風暴之中，有些昏頭轉向了。

也在法老王喝口茶的時候，麒哥下意識裡開口就問法老王。「那質數在我們生活中會用上嗎？」

「嗯，這可是有趣的學問呢！」法老王說。「質數其實是密碼一個很重要元素呢，甚至進一步可被應用在軍事、生活甚至是現代科技趨勢下保障我們資料安全的重要守護神。」

「真的假的？」麒哥一臉狐疑看著法老王。

「我先來說個你覺得有些印象的故事，你來猜猜裡面有什麼玄機。」

法老王故做神秘樣到書房繞了一圈，拿了幾本書出來，翻來翻去地找了好一會兒。麒哥似乎還是沉浸在質數的漩渦中，直到法老王咳嗽了幾聲，才稟氣凝神的將眼神投向法老王，而法老王此時才將雙手放在腰後，在書桌前娓娓道來。

「楚漢相爭是我們中國著名的歷史。裡面有一段講述韓信為漢王點兵的過程。『韓信點兵』知道吧，就是三個一數、五個一數、七個一數…。」法老王說。

　　麒哥雖然知道韓信點兵的故事，但卻不知這裡頭所要帶到的質數。而本來有些昏沉的腦袋瓜，也開始燃起希望之火。

　　而法老王注意到麒哥的眼神逐漸聚焦移向自己拿在手上的書《劉邦與項羽之爭》，也就順手拿給了麒哥。「你看看這頁吧，自己看或許印像比較深刻。」法老王說。

CHAT-ANGEL　韓信點兵

　　韓信平日研讀兵法，熟習用兵技巧。滿懷壯志的韓信打算投靠當時聲勢如日中天的項羽。熟不知，千里馬未遇伯樂，韓信並未受到項羽重用。苦無發揮自己所學的機會，韓信毅然投向敵營劉邦的門下。但怎知，同樣的命運依然落在劉邦的帳下，志氣難伸的韓信，憤而離開劉邦。所幸劉邦的親信蕭何，看出韓信是一名大將，定能幫助劉邦。極力向劉邦舉薦韓信，說服劉邦重用韓信必能一統江山。在蕭何的幫助下，韓信終能如自己所願與劉邦一起討論用兵策略，韓信的建言使劉邦為之驚艷，於是即刻命韓信為元帥，將旗下的軍隊交給韓信指揮。韓信果然不失所望，率領軍隊攻占各方城池，並在楚漢相爭的最後一役，協助劉邦將項羽圍困在垓下，項羽認為自己無顏見江東父老，最後選擇在烏江邊自盡，劉邦得以統一天下，建立漢朝。

　　韓信幫劉邦統一江山後，劉邦理應給予韓信相當的重賞，但卻非如此。劉邦反倒害怕韓信有了兵力後會趁機造反。在一次的宴席中，劉邦故作詢問韓信兵力的狀況，韓信一聽便理解其中含意。依劉邦的個性，據實以告可能為自己招致不測，但不回答，恐劉邦擔心他企圖造反。韓

信為了擺脫劉邦的追問，想出了一個避重就輕的回答：「我不知道我總共有多少士兵，我只知道三個一數會剩兩個，五個一數會剩三個，七個一數會剩兩個。」劉邦聽了之後一頭霧水，連在旁的軍師也算不出總共有多少兵力，韓信憑著過人的機智，逃過一劫。

過了段時間，法老王看麒哥似乎出了神，便輕喊著麒哥的名字。想知道麒哥看得如何了。

聚精會神看著故事的麒哥並沒有任何反應，直到法老王靠近麒哥。法老王將雙手一道麒哥眼前，左右擺動，才把麒哥從古代的想像幻境裡拉回現代。

「呵呵，你有沒有注意到韓信點兵的數字呢？有沒有質數呢？」法老王問。

「都有。」麒哥故作鎮定地回答。

「那是一個跟質數有關的故事喔！」法老王笑著說。

「跟質數有關的故事！」麒哥重複法老王的話。「我知道裡頭有質數，但質數能有什麼變化嗎？」

「中國剩餘定理。」法老王笑著說。

「中國剩餘定理？」麒哥重複法老王的話。

「不用想太多，我們再來看另一個你應該也聽過的故事。」不等麒哥回神，法老王對摸不著頭緒的麒哥說。

「不過我有改編，你可要注意一些數字的關係。要不要去拿紙筆來作紀錄？這樣會容易些找出線索。」法老王暗示著麒哥。

法老王從剛才拿出來的書中，翻開夾在其中的幾張夾紙，開始說話了。

紙一：羅密歐與茱麗葉

羅密歐與茱麗葉深愛著彼此，但由於雙方家長的反對，兩人的感情受到阻撓，茱麗葉的雙親更是為了不讓兩人見面，更是將茱麗葉軟禁在茱麗葉家族的古堡中。羅密歐每天到古堡外，癡癡地望著古堡，卻日日惆悵而歸。羅密歐並非沒有打算偷偷潛入古堡，但三個多月來，羅密歐用盡一切方法，也成功地進入古堡中，卻始終找不到軟禁茱麗葉的暗室所在。

一日，羅密歐一如往常地來到古堡外，癡癡地望著古堡，口中不斷的呢喃著愛人的名字，忽然，它看見了古堡的某一扇窗內閃耀出白光，起初他欣喜若狂，牢牢地記住了該窗的所在，並且再次潛入古堡中，但令他絕望的是，他竟然找不到暗室的入口。

隔日，他再次在相同的時刻見到那白光，但這次他發現白光的閃現隱約有著什麼規律。經過幾次觀察後，羅密歐發現白光的閃動有著長短之分，於是他用了點（.）和劃（-）來代表短的光與長的光，詳盡記錄光的閃耀情形，得到了這樣的訊息：

> .. .— .. ..

羅密歐覺得有趣，但他不明白這暗示著什麼，於是他求教於博學多聞的羅倫斯神父。神父起先也不懂這訊息的含意，於是他翻閱了很多藏書，發現這很有可能是所謂的「摩斯密碼」（可參照文末後的附錄），他趕緊對照著書上的講說，將這段訊息做了如下的翻譯，並告知羅密歐：

..	.-.	..	...	.	...
I	R	I	S	E	S

「鳶尾花…？」

紙二：羅密歐與茱麗葉（續）

羅密歐一頭霧水，不知道鳶尾花象徵著什麼。他猜想，也許因禁在古堡中的茱麗葉要告訴他，她所在的地點是某個可以看到鳶尾花的地方吧！有了這一點線索，於是羅密歐開始找尋古堡附近的鳶尾花，找了許久，都沒有發現鳶尾花的蹤影，他很失望，不過轉念一想：「也許鳶尾花不在室外，而是在古堡內？」

他又偷偷的潛入古堡，但並沒有發現古堡內有種植任何的植物，正當他心灰意冷之際，不經意發現古堡內其實零零星星掛有一些名畫，他隨意瀏覽著，卻赫然瞧見一幅梵谷的大作《鳶尾花》。

羅密歐欣喜若狂，心想「這一定就是機關之所在！」於是他移開了畫像，果然見到一扇暗門，他推開門，正滿懷期待見到朝思暮想的愛人時，卻失落的發現室內中空無一人，只見床頭放了一封信。

說著故事的法老王，停頓了一下，也輕咳了一聲，看著麒哥。

「怎樣？你有沒有發現什麼？」法老王說。

麒哥說：「有摩斯密碼。」麒哥說。

「還有呢？」法老王說。

麒哥發現法老王說話的當下正注視著一張紙，那是麒哥寫下法老王故事的信件內容。

「羅密歐：

　　這些日子，我每天都在回憶我們的過往，不知在你心中，是否也仍惦記著我？然而，相愛不能相守的痛苦，就好似一個人在自己國家裡沒有容身之處。簷下，那五口燕子家庭，隨著小燕成長離去，僅剩兩隻老燕獨守空巢……。昨晚仰望夜空，本該的閃閃發光的北斗七星，也只餘下三顆兀自忽明忽滅……。窗外十一朵搖曳生姿的百合花，到了這個時節，定然只存四株吧……。世間許多的事物，都是如此地不圓滿，難道這就是天理嗎？是不是有一種未知，能夠同時滿足這些不圓滿，讓缺憾減少呢？如果它存在，經歷一千年的時間後，在未來那個時間點，我們會不會有更好的結局？胡思亂想間，又想起我們去年密會的那條林蔭小徑，那時我開玩笑的說，要一起尋找一棵專屬我倆的快樂樹，在樹底埋藏數個我們的秘密，可惜這個夢尚未完成，現實便殘酷地將我們分離了。儘管如此，那棵烙印在我心中的快樂樹，對我而言，卻是最貼近事實的夢想。我真的好想再回到那個地點去──那個充斥著我們笑聲的地點……。

　　　　　　　　　　　　　　　　　　　　　　愛你的茱麗葉」

　　麒哥想著法老王除了摩斯密碼外，會再問其他問題，想必這信中有些不尋常的地方。對著自己所寫的那張紙的內容，麒哥發現前面的句子都不是一氣呵成的寫下來，而是刻意斷句與挪移，但這裏面有什麼含意呢？想了想，麒哥忽然發現：

這些日子，我每天都在回憶我們的過往，不知在你心**中**，是否也仍惦記著我？

　　然而，相愛不能相守的痛苦，就好似一個人在自己**國**家裡沒有容身之處。

　　　簷下，那五口燕子家庭，隨著小燕成長離去，僅剩兩隻老燕獨守空巢……

　　昨晚仰望夜空，本該的閃閃發光的北斗七星，也只**餘**下三顆兀自忽明忽滅……

　　　窗外十一朵搖曳生姿的百合花，到了這個時節，**定**然只存四株吧……

　　世間許多的事物，都是如此地不完滿，難道這就是天**理**嗎？

「我發現了！」麒哥喜出望外地說。「『中國剩餘定理』藏在在文字當中。」

「等一下。」麒哥接著喊著。

麒哥興奮的指著信的內容：

「羅密歐：

這些日子，我每天都在回憶我們的過往，不知在你心中，是否也仍惦記著我？然而，相愛不能相守的痛苦，就好似一個人在自己國家裡沒有容身之處。簷下，那**五口**燕子家庭，隨著小燕成長離去，僅剩**兩隻**老燕獨守空巢……。昨晚仰望夜空，本該的閃閃發光的北斗**七星**，也只餘下**三顆**兀自忽明忽滅……。窗外**十一朵**搖曳生姿的百合花，到了這個時節，定然只存**四株**吧……

愛你的茱麗葉」

「裡面有也有一些質數，我找到了『五口燕子』，『北斗七星』，『十一朵』裡 5、7、11，那都是質數。」麒哥興奮地說。「我猜你是不是想告訴我『中國剩餘定理』跟質數有關，而且可以解出一些訊息，對不對？如果是的話，那麼『韓信點兵』的故事裡的質數也是跟『中國剩餘定理』有關囉！」

法老王點點頭。

「那我猜『三個一數』，『五個一數』，『七個一數』裡 3、5、7 是質數也跟『中國剩餘定理』有關囉！」麒哥說。麒哥似乎開了竅地自言自語推敲法老王的兩個故事。

法老王不停地點頭，彷彿在讚許一個小孩的聰敏。這樣的互動讓小孩更有衝勁與信心想要依著突來的靈感繼續推究下去。麒哥就如同小孩般的滔滔不絕的說。

麒哥回想當時他年輕時當兵的部隊集合口號，推想出「韓信點兵」裡三個一數會剩兩個，五個一數會剩三個，七個一數會剩兩個。」不就是部隊人數每三個一組做編隊還剩兩個無法一組。每五個一組做編隊還剩三個無法編隊每七個一組做編隊還剩兩個無法一組。所以韓信知道兵力總數能滿足這三個條件卻跟劉邦賣個關子。讓劉邦滿頭霧水，也間接讓劉邦知道韓信部隊領導的軍事天分，不敢對韓信輕舉妄動。

「你覺得這樣對嗎？」麒哥問。

「韓信點兵的故事的確跟中國剩餘定理有關，也藉由質數的特殊性質可以來算出兵力的總數。」法老王說。「如果將剛剛你所說的部隊編組的方式，以基本數學的描述，就是兵力的總數除以質數 3 剩下餘數 2; 兵力的總數除以質數 5 剩下餘數 3; 兵力的總數除以質數 7 剩下餘數 2。這是很簡單的表示方式。」

「所以中國剩餘定理，就是能夠列出以質數為除數為主的一些數學式並且可以算出符合所有數學式的一個被除數，像韓信點兵裡的『兵力的總數』。」麒哥把法老王的話再說一遍但用著法老王的口吻說道。

法老王哈哈大笑。

「對，就是這樣，不過質數只是最直接的除數使用。事實上只要所有數學式的除數相互互質就可以做中國剩餘定理了。」法老王說。

本來有些得意洋洋的麒哥，眉頭皺了起來，口裡重複念著「互質」、「互質」，「什麼是互質？」麒哥終於還是問了。

「哈哈！數字『互質』跟『質數』意思很類似。就是如果一群數字裡彼此除了 1 之外，皆沒有共同的因數，就是數字互質。」法老王說。

「這麼簡單喔！所以 3、5、7 不只是一群質數而且是彼此互質囉。」

「那麼 3、4、7 三個數雖然不全是質數，但因為沒有共同的因數，所以也是互質。」麒哥繼續說。「也就是說，如果我用 3、4、7 這三個數取代 3、5、7 也可以做中國剩餘定理囉。」

法老王點頭。「好，你知道了。來，你將數字 23 當被除數，去算算剛剛你自己列的數學，看看韓信點兵的兵力吧。」

「23 除以 3 剩 2；23 除以 5 剩 3；23 除以 7 剩 2」麒哥低下頭在紙上寫了一遍數學式。「完全正確呢！」

「以這三個數字為例，23, 128 = 23 + 105, 233 = 23 +（2*105），都會滿足你寫的數學式，23 只是最小滿足的數字，105 是 3、5 及 7 的最小公倍數。所以別小看韓信點兵背後的數字所代表的意義，它是可以大的超乎想像。」法老王說。

「我終於知道韓信點兵裡中國剩餘定理與質數的關係了。」麒哥說。「但這些數字要如何算呢？」

「這的確有一些規則。我剛在書房拿了一些書，除了剛說的中國與西洋故事外，這一本的數字計算有你想知道的，你可以拿回去，會有收穫的。」

從上次麒哥所寫的數字報告，法老王知道麒哥已經開始對數字產生好奇與學習的興趣，所以再借麒哥幾本有關數字的趣事與計算也不覺得唐突了。

「但是這樣的數字密碼除了這個大家都知道的故事外還能怎麼用？」麒哥說。

「其實數字密碼之所以神秘且有趣，是因為可活用在各應用場合。」法老王說。「現在網路這麼發達，如果你跟另外兩個好朋友，私下各自用 5、7、11 做代號（除數）；餘數 2、3、4 做為網路傳遞訊息的數字；滿足條件的被除數是你們互通秘密的暗號。中國剩餘定理就可以派上用場，你可以想一想喔。」

法老王藉此給了麒哥一個與質數相關的現代科技安全問題。

「質數與科技安全。」麒哥似乎若有所思的想著。「既然 5、7、11 是三個質數作為除數，那我可以由條件來造三個式子：秘密暗號除以 5 剩餘 2；秘密暗號除以 7 剩餘 3；秘密暗號除以 11 剩餘 4；中國剩餘定理是不是就可以用了呢？」

思緒一直在麒哥的腦海裊繞。

這時手機的鈴聲突然響起。「老爸，我是阿智，你現在人在家裡嗎？我們期中考前要補課，我會比較晚才回家。我忘了帶家裡鑰匙，想知道你幾點會在家。」阿智說道。

「你要補什麼課？」麒哥隨口問道。

「數字密碼的資訊安全啊。老師說下星期的期中考要考到網路安全與生活應用的部分。我以前給你的那張有關戒酒的紙條，就是這門課給我的靈感。這門課我還蠻喜歡的。」

當阿智提到「網路安全」時，麒哥露出如孩子般異常興奮的表情。

「網路安全！」麒哥重複了一遍，「是不是有時候你在用電腦突然大叫中毒了的那個啊？」麒哥回著阿智的話。

「也是啦，」阿智說，「不過電腦中毒只是一部份。」

電腦中毒對阿智已是家常便飯的事情了。因為阿智經常在網路下載來路不明的遊戲，電腦中毒對阿智而言已經見怪不怪了。

「我們老師上一次所提到的內容是機密訊息在網路傳遞，可以讓不同人各自解出密文這方面的。」阿智多說了一些，「補課就是要把它們講完。」

在此同時，法老王走進書房裡，並端詳了書架上的幾本書，順手翻了翻，當翻到「快樂數」的內容時便在椅子上坐了下來。

上面寫著：

$$13 \rightarrow 1^2 + 3^2 = 10 \rightarrow 1^2 + 0^2 = 1 ；$$
$$49 \rightarrow 4^2 + 9^2 = 97 \rightarrow 9^2 + 7^2 = 130 \rightarrow 1^2 + 3^2 + 0^2 = 10 \rightarrow 1^2 + 0^2 = 1 ；$$
$$82 \rightarrow 8^2 + 2^2 = 68 \rightarrow 6^2 + 8^2 = 100 \rightarrow 1^2 + 0^2 + 0^2 = 1 。$$

停頓了一會，法老王又在書上多列出了 86、91、94、97、100。似乎坐了太久，法老王起身動了動手腳，並喝了一口茶，似乎已釐清了思緒便把這些數字的關係寫在紙上，並繼續思考剛才所說的羅密歐與茱麗葉的故事。

而正與阿智講電話的麒哥，努力的想從阿智課堂中「密碼」與「安全」的片段裡，尋找一切有可能的蛛絲馬跡，拼湊出答案來回答法老王的問題。在問了幾句話後，阿智也好奇於麒哥的詢問，便詢問麒哥為何

會問這些。麒哥此時發現法老王已走進書房，便輕聲的告訴了阿智法老王給的問題。

阿智對於麒哥的問題覺得非常熟悉，又正好翻出手上正準備要上課的筆記。阿智還記得上次老師下課前，正接著要講新的一章。但才剛說一會兒就敲鐘下課了，網路安全就是那時舉的例子。

「我把這段用手機拍下來，傳給您歐。」阿智對著麒哥說著。

CHAT-ANGEL 中國剩餘定理的網路運用

如果有三個人都會使用中國剩餘定理，而且彼此知道私下的代號『5, 7, 11』及對應的餘數『2,3,4』，那麼滿足條件的被除數就是他們想讓彼此所要解得的秘密，只有他們三個能知道的秘密。假設三人中的一人，想要通知另外兩人機密數字『367』，但又擔心直接從網路傳遞訊息會有被攔截的可能，因此改為傳送餘數『2,3,4』給另外兩人，收到餘數的其餘兩個人，就可以造三個式子：機密數字除以 5 剩餘 2；機密數字除以 7 剩餘 3；機密數字除以 11 剩餘 4。由於三人彼此知道對方的代號『5, 7, 11』，所以另外兩人就可以用『2,3,4』來求得『367』以當作彼此的秘密。對於其他網路的使用者來說，他們只知道『2,3,4』，而不能知道他們之間的代號質數『5, 7, 11』，所以無法得知他們三人用中國剩餘定理所分享的秘密『367』。」

「對！就是這樣！就是這樣！」看完訊息的麒哥突然間在電話中叫了起來。「你要去上課了吧？我晚上回家時間應該比你早。你趕快去上課吧！」

得到重要情報的麒哥立刻結束和阿智的對話，催促阿智去上課。法老王在書房裡裡聽到麒哥興奮裡大聲喊叫的聲音，便擔心的走了出來，但只見麒哥若無其事地對著法老王微笑。「再等我一下。」麒哥說。

法老王見麒哥不但沒有露出不悅的神情，反倒聽到麒哥的「再等我一下」，便也一言不發，露出微笑地將剛在書房裡寫好的內容，放在客廳的桌上，比鄰著麒哥手寫法老王所說故事中那封羅密歐給茱麗葉的一封信。

「好了，」麒哥說，接著把剛剛阿智所傳的訊息說了一遍。

「很好，」法老王滿意地說道，「這樣你知道質數、中國剩餘定理、與科技安全之間的一點關係了吧？」

麒哥見法老王沒有察覺到阿智與麒哥的手機互通的對話，興奮之餘，便繼續接著回答：「那關鍵就是除數跟餘數囉？所以每次彼此有不同的秘密（被除數）要分享，就是用除數來計算一個在公開的網路上所傳送的餘數。是嗎？」麒哥故意再做個沈思的表情說道。

「是的。餘數與質數的適度搭配是中國剩餘定理重要元素。也就可以因應用在科技安全的各式需要。」法老王說道。「現在，你知道是質數在密碼、生活或者科技安全的有趣與重要性了吧。」

麒哥從故作沈思的表情化做自然的開心。「那剛剛那個羅密歐與茱麗葉的故事還沒完吧？」麒哥說。

「嗯，」法老王其實也正要準備往下說。

紙三：羅密歐與茱麗葉（續）

羅密歐用這樣的線索，用中國剩餘定理解出了滿足上述條件之最小值為 367。但是 367 好像又沒有特殊的意義，而且信中還有一句「經歷一千年的時間後」，那這一千應該是別有用途吧。所以羅密歐繼續把 367 加上 5、7、11 的最小公倍數—385，加到超過一千後的數字是 1137，再由信箋上半段出現的兩次「時間」這個單字來揣測 1137 可能十一點三十七分。

下半段的信箋裡，茱麗葉提到了她開玩笑要找快樂樹的事情。但在羅密歐的記憶中，他們的確曾秘密相約於城鎮北方的一條林蔭小徑，可是當時茱麗葉並沒有說過什麼關於快樂樹的事情。羅密歐直覺反應，茱麗葉故意這樣說代表快樂樹一定有其暗示，但羅密歐暫時還不明白快樂樹隱含的指示，他喃喃的念著「快樂樹……快樂樹……」。

突然靈光乍現，難道快樂樹代表的就是「快樂數」？有了這個念頭後，他繼續往下看，「在樹底埋藏數個我們的秘密」似乎就真的印證了他的想法：樹→數，但是這下半部的信件內容完全沒有任何數字啊！

解謎到這裡，羅密歐的思路有些阻塞了，不過他不能放棄茱麗葉的心意，他知道她是為了他不斷努力著，他怎能輕易辜負她？想到這裡，他又打起了精神，重新想一遍他解謎的關鍵：找出中國剩餘定理；用諧音想到快樂樹，那……

「有了！」羅密歐忍不住低呼出聲，有沒有可能這裡的數字也是諧音呢？他細讀了信的下半段，「卻是最貼近事實的夢想」事實好像可以想成四十嘛！那麼，最貼近四十的快樂數應該是最後的謎底了，也是茱麗葉要告訴他的地點—小徑的第 44 棵樹下。

羅密歐興奮極了，馬上到處打聽茱麗葉結婚的日子，滿懷期待等著那天的到來，他深信，這次命運之神是站在他這邊的。

一週後，距離羅密歐與茱麗葉居住的城鎮北方 10 公里處，一輛馬車奔馳著，逐漸遠離了小鎮，車內一對男女相互依偎著，男子深情款款的對女子說：「親愛的，若非你的機智，我們就真的無法在一起了」，女子報以甜甜的微笑：「要不是你夠聰明，能夠了解我信中真正的意涵，我的努力也是枉然！」皎潔的月光落下，男子赫然是羅密歐，而依靠在他懷中的女子竟是原本今天鎮中舉行的婚禮的新娘－茱麗葉。

「這個就是今天的故事囉！」法老王面露微笑地說，「裡頭有些有趣的數字這裡有幾本書，一起拿去看吧。」

聽完法老王娓娓道述這個故事後，時間也不覺地有些晚。興致正濃的麒哥，突然又接到了電話。

「老爸，我下課了。你回家沒？」原來阿智又打電話來了。

阿智知道老爸是個健忘的人，往往答應的事，很快又忘了。這次如果沒有跟老爸先聯絡好，也許回到家，老爸還沒回家，就進不了門。所以在中間的休息時間，阿智又打了通電話提醒老爸。

　　果然一通電話驚醒了麒哥。麒哥才發覺時間已有些晚了，得趕緊回去。

　　阿智嘮叨麒哥的功力可是一流，麒哥匆促地跟法老王拿了那本中國剩餘定理的書與法老王剛從書房多拿出來的書，便趕著要離開。

　　「我可以一起拿走嗎？」看著桌上紙稿的麒哥說。那是麒哥自己一筆一字寫下法老王故事的紙稿。

　　「當然可以。」法老王笑著回答。

　　原來麒哥自從嗜酒後，記憶力已經沒以前好，在那之前還因年輕時的車禍有點健忘症呢！所以麒哥只要跟數字有關的事，也習慣性地記下所有的前因後果。麒哥家裡的各式帳單總是爬滿著麒哥的筆跡。

　　因此，與麒哥相交莫逆的法老王每次與麒哥說話時，都不是都一氣呵成的講完，而是一段一段的慢慢講。而為了能讓麒哥更順利理解，跟數字有關的內容還得法老王重複講，然後麒哥寫下來呢！

　　這個精神，也是法老王佩服麒哥的地方。所以每次法老王也就不厭其煩地跟麒哥講解數字及密碼的有趣內容，也為自己有個知音而感到開心。

　　「咦？怎麼有多一張紙？」麒哥對著法老王說。

　　「那是給你的，跟這些書一起翻看，」法老王說，「他們有些關係喔！」

　　麒哥出了法老王的家，將裝著書本的袋子放在機車的座位前，像呵護寶藏般地用雙腿夾緊袋子，發動機車。看著時間已接近晚上 10 點，阿智也快到家了。

對於剛才和阿智討論的電話內容，麒哥一邊騎車，一邊想著：「今天跟法老王談論好多東西，有些都還未來得及消化，回去得好好地再回想一遍，有些累啊！不過說起來如果沒有阿智當時的用心，我可能現在還過著醉生夢死的生活。」

人生的轉變裡，有些人、有些事、有些體會盡在不言中。無論如何，阿智的關心與提醒以及摯友法老王的幫助，皆點點滴滴的記錄在麒哥的心理。

想得入神的麒哥忽然不經意的踢到機車踏板上放的背包。對著麒哥而言，這可是法老王給他的寶藏。

剛好念大學的阿智修課是跟密碼有關的課程，麒哥心想：「之後也可以問阿智一點有關這方面的資料。他應該不會笑話老爸吧？我現在可是拼著老命要趕回家幫他開門呢！而且這樣一來，在法老王面前，也能揚眉吐氣呢！」

【附錄】摩斯密碼表

字母

字元	程式碼	字元	程式碼	字元	程式碼	字元	程式碼	字元	程式碼	字元	程式碼	字元	程式碼
A	·-	B	-···	C	-·-·	D	-··	E	·	F	··-·	G	--·
H	····	I	··	J	·---	K	-·-	L	·-··	M	--	N	-·
O	---	P	·--·	Q	--·-	R	·-·	S	···	T	-	U	··-
V	···-	W	·--	X	-··-	Y	-·--	Z	--··				

數字

字元	程式碼	字元	程式碼	字元	程式碼	字元	程式碼	字元	程式碼
1	·----	2	··---	3	···--	4	····-	5	·····
6	-····	7	--···	8	---··	9	----·	0	-----

標點符號

字元	程式碼	字元	程式碼	字元	程式碼	字元	程式碼
句號 (.)	·-·-·-	冒號 (:)	---···	逗號 (,)	--··--	分號 (;)	-·-·-·
問號 (?)	··--··	等號 (=)	-···-	單引號 (')	·----·	斜線 (/)	-··-·

字元	程式碼	字元	程式碼	字元	程式碼	字元	程式碼
嘆號 （！）	-·-·--	連字號 （-）	-····-	下劃線 （_）	··--·-	雙引號 （"）	·-··-·
前括弧 （（）	-·--·	後括弧 （））	-·--·-	美元 （＄）	···-··-	&	·-···
@	·--·-·						

非英語字元

字元	程式碼	字元	程式碼	字元	程式碼	字元	程式碼	字元	程式碼
ä 或 æ	·-·-	à 或 å	·--·-	ç 或 ĉ	-·-··	ch	----	ð	··--·
è	·-··-	é	··-··	ĝ	--·-·	ĥ	----·	ĵ	·---·
ñ	--·--	ö 或 ø	---·	ŝ	···-·	þ	·--··	ü 或 ŭ	··--

特殊符號（同一符號）

這是一些有特殊意義的點劃組合，它們由二個字母的摩斯密碼連成加以運用。

符號	程式碼	意義
AR	·-·-·	停止（訊息結束）
AS	·-···	等待
K	-·-	邀請發射信號（一般跟隨 AR，表示「該你了」）
SK	···-·-	終止（聯絡結束）
BT	-···-	分隔符

顧哥筆記 來看看你累積了多少功力！

- 質數與合數：任何大於 1 的正整數，除了 1 和本身以外，沒有其他的因數（也就是不能被其他的數整除），就叫做「質數」。質數之外的其他正整（不包含 1），即為「合數」。

- 質數的個數：我們可以利用歐幾里得的反證法證明質數有「無限多個」。

- 梅森質數：2^n-1，其中 n 必須為質數，但實際上梅森質數所求得的數並非皆為質數。現今主要用於電腦的計算以尋找質數。

- 費馬質數：$P=2^{2^x}+1$，現今已確認 P_5 並非質數。

- 中國剩餘定理：假設有一未知的被除數，若已知三個互質的除數及所計算的餘數，則可推得該被除數。

- 摩斯密碼：利用點（.）及劃（-）以及中間的停頓組合出不同的代碼，以傳遞訊息。

第三章

密碼？亂碼？傻傻分不清楚

本章摘要

帶著滿滿收穫回到家的麒哥，剛進家門沒多久，便興奮的翻起法老王給他的資料，不管是斷背山情節中的愛恨糾葛，還是福爾摩斯跳舞小人的鬥智鬥勇，都讓麒哥陶醉不已，完全忘了時間的流逝。直到兒子阿智回家的開門聲才讓麒哥驚覺時間已是半夜時分，麒哥一反常態的沒有責備阿智的晚歸，反而急著想參考阿智的筆記。阿智的筆記整理的清楚有條理，每個主題後還會適時的舉出例子，讓麒哥對「古典密碼學」有了初步的認識。隔天下午，麒哥便迫不急待的拜訪法老王，分享他對密碼的看法，法老王則以「英格瑪密碼機」向麒哥說明密碼的翻身，並提醒麒哥返家後務必用電腦查詢「數位密碼翻身」的資料。

法老王解惑

這一章有什麼內容呢？

1. 快樂數
2. 親和數
3. 哥德巴赫猜想
4. 斯巴達密碼棒
5. 凱薩密碼法
6. 維吉尼爾密碼法
7. 英格瑪密碼機

麒哥拿著袋子進了家門，看了看牆上的鐘，此時已是晚上十點半了。聽法老王說密碼故事，對麒哥而言，就如中了獎券般地喜悅，而這種久違的喜悅是過去麒哥酗酒所不能獲得得。所以法老王所說的每句話，麒哥都會回味再三、反覆思索。

而在麒哥坐在客廳休息等著阿智的同時，好奇之餘，便把袋子打開，想知道法老王究竟拿什麼書給他。

一打開背袋，一張法老王寫的紙稿便從書中掉了出來，那是法老王所寫關於「快樂數」的內容。麒哥翻至掉出紙稿的書本折頁處，看到法老王在書本折頁用鉛筆圈寫了快樂數的規則與例子。

CHAT-ANGEL　快樂數

「快樂數」特徵即是將某一數字的每一位數作平方和後，再將得到的新數，不斷重複「每一位數作平方和」的循環，最終後會得到數字 1，那我們稱此數字為快樂數。而在 100 以內的快樂數有：1, 7, 10, 13, 19, 23, 28, 31, 32, 44, 49, 68, 70, 79, 82, 86, 91, 94, 97, 100。例如 $13 \rightarrow 1^2 + 3^2 = 10 \rightarrow 1^2 + 0^2 + 0^2 = 1$; $49 \rightarrow 4^2 + 9^2 = 97 \rightarrow 9^2 + 7^2 = 130 \rightarrow 1^2 + 3^2 + 0^2 = 10 \rightarrow 1^2 + 0^2 = 1$; $82 \rightarrow 8^2 + 2^2 = 68 \rightarrow 6^2 + 8^2 = 100 \rightarrow 1^2 + 0^2 + 0^2 = 1$。

麒哥由衷的佩服法老王能夠把這些數字關係整理的如此有趣，還加諸一些故事的連接想像，讓麒哥能聽的渾然忘我。要不是阿智的電話打來，麒哥恐怕會繼續待下去到三更半夜，樂此不疲。

這時麒哥的手機電話又再度響起。「喂！爸，我是阿智，你回家了嗎？」阿智說道。「我下課了，本來要先走的。但是我同學說我的筆記本寫的比較完整，要借我的去影印。現在時間太晚，影印店關門了，他們要拿去便利商店影印。我得跟著去，因為要期中考了，我不能借他們回去，不然我就不能準備考試了。所以會再慢一會兒回家，先跟你說一聲，免得你擔心。」

「沒關係，我到家了。你事情辦完後再回來，記得騎車小心。」

麒哥接完電話，又看看牆上掛的時鐘，此時已是晚上十一點了。麒哥在等待阿智的同時，也就繼續翻著法老王給的書。法老王是個博學且心思細膩的人，或許又會些有趣的故事穿插在書本之中。

果不其然，麒哥在一本寫著「親和數」與「哥德巴赫猜想」書籤上，發現裡頭有著法老王筆跡的紙稿，紙稿看起來有些陳舊，但字跡十分工整。第一頁寫著標題「斷背山」密碼與法老王所留下的幾句話。

「密碼乃是數學的一種另類表現。從數學觀點來看密碼更是饒富趣味。結合數字上的一些特性，改編自奧斯卡最佳導演、最佳改編劇本及最佳電影配樂獎等三項大獎 - 電影『斷背山』。讓我們進入故事情節，體會恩尼斯與傑克相識、相知與相愛，並在感動於他們的愛情故事之餘，體會密碼的樂趣。」

紙稿一：「斷背山」密碼

　　恩尼斯與傑克皆為困苦農家的鄉下青年。在一年的夏天，兩人前往一份農場工作而結識，並前往斷背山上牧羊。兩人朝夕相處，漸漸發展出深厚的情誼。在那個夏季的夜晚，他們跨越友誼的最後一條警戒線，譜出一段世俗所不可認同的戀情。

　　這段戀情很快的曝了光。在同年的夏末，在農場老闆知情的狀況下，兩人不得不離開斷背山。恩尼斯在懷特明（斷背山所在之地）娶了女朋友艾瑪，而傑克則前往加州，娶了老婆蘿琳，兩人分別建立了家庭。

　　四年後，恩尼斯收到傑克的名信片，表示有事要來懷特明，兩人再度重逢，並前往斷背山故地重遊。兩個人雖然各自建立了家庭，但是他們知道真正深愛的人是彼此。相隔兩地的思念像是天雷勾動地火，是那麼的激烈，對他們而言，時間永遠只嫌太短。傑克原本只打算在懷特明待個兩天，但兩人好不容易才相聚，短短兩天時間實在無法滿足四年的思念，於是傑克便擅自延後兩天的時間，最後更是以釣魚作為藉口，整整待了八天。最後，才在工作和家庭的雙重壓力下，依依不捨的離去，並相約下次再見。

　　時間並沒有沖淡他們兩人之間的感情。雖然彼此打算繼續保持著這個秘密，建立正常的家庭，但是時間的流逝，卻讓他們兩人更感煎熬。

紙稿二：「斷背山」密碼（續）

一次相聚之時，傑克對恩尼斯表明了他的心意：「你是我生命的因子，一生一世的總合。我的生命因為你才有意義，為此，我願意拋棄現在的所有來和你在一起。」

恩尼斯當然明白傑克的意思，也了解傑克下這個決定是多麼的不容易，他當然願意與傑克一起承擔。其實不只是傑克，恩尼斯也曾有過這樣的念頭，只是他一直沒有勇氣開口罷了。正當他們兩個作了這個決定，含著眼淚緊緊抱在一起時，恩尼斯的老婆艾瑪在旁悄悄的目睹了一切……。

傑克在離開時向恩尼斯表明當他打理好一切後會再寄信給他，然而恩尼斯持遲遲未收到。直到過了兩年，恩尼斯才從蘿琳處得知傑克車禍過世的消息。此時，艾瑪才坦誠她把傑克寄來的信都藏了起來，並私下和傑克通過信，要求他不要妨礙她的家庭。傑克答應艾瑪不會再和恩尼斯見面，只懇求她把最後一個包裹交給恩尼斯。

艾瑪雖然在信中表示同意，但她在拿到包裹後私下檢查了裡面的內容，她發現包裹裡有一封似乎別有涵意的信和一個上了鎖的鐵盒子。她心裡很是不放心，遲遲未把這個包裹交給恩尼斯。直到得知傑克死亡的消息後，艾瑪內心感到相當愧疚，她才決定把包裹交給傑克，並表示她不再過問包裹裡的內容。信件內容是這樣寫著：

< 信件 >

> 摯友，上鎖的盒子裡是我 1 生 1 世的願望，當你想起我們 2 個幾次的相逢，了解令 2 人感情加倍的元素，記憶的盒子即將開啟。
>
> 認識你是我 1 生 1 世的總合。
>
> 傑克

　　恩尼斯閱讀此封信時，內心滿是激動，想起兩人在斷背山時的種種，記憶便從腦中不斷地湧出，但傑克究竟是想表達什麼呢？鐵盒子又放著什麼東西？一切的謎團唯有從信中才能獲得解答。

信件內容的破譯

　　恩尼斯猜測鐵盒子密碼應該藏在信件內容中，於是便開始在字裡行間搜尋可能的線索，展開信件內容的破譯。

摯友，上鎖的盒子裡是我 1 生 1 世的願望，當你想起我們 2 個幾次的相逢，了解令 2 人感情加倍的元素，記憶的盒子即將開啟。

認識你是我 1 生 1 世的總合。

傑克

< 線索一 >

　　恩尼斯首先發現信件中有蹊蹺的地方是在於阿拉伯數字部分。以往傑克信中很少會穿插阿拉伯數字，難道信中阿拉伯數字是另有涵意？很可能是與鐵盒子的密碼有關，傑克一定想要傳達某個訊息。有阿拉伯數字的地方共分為三段，分別為「1 生 1 世的願望」、「2 個幾次的相逢」、「2 人感情加倍的原素」。

<線索二>

這三段剛好可以滿足密碼上的三位數字。

一、1 生 1 世的願望可以想像為「$1 + 1 = 2$」。

二、「2 個幾次的相逢」，這段話可以由他過去的記憶推得他與他的相逢次數為 3（第一次在斷背山上的相遇和兩次傑克來找恩尼斯），可以得到第二個數字為「2^3」也就是 8。

三、「2 人感情加倍的元素」可以想為「$2 \times 2 = 4$」。

<線索三>

恩尼斯輸入了 284，發現這是一個錯誤的密碼。這時他注意到最後的一段話「認識你是我 1 生 1 世的總合」。他回想起這段話是和傑克第二次見面時對他說的話，內容為「你是我生命的因子，1 生 1 世的總合…」。因子，難道是指 284 的因數？284 的因數分別為 1、2、4、71、142，將這些因數一一加總，得到了一個合數：$1 + 2 + 4 + 71 + 142 = 220$。恩尼斯測試了 220 這個數，竟成功了解開了鐵盒子。

<書籤一>「親和數（Amicable Numbers）」

如果一對正整數，他們所有的「正因數和」相互是對方，這樣的一對正整數就稱之為「親和數」。220、284 就是史上第一對被發現的親和數。220 的因數和 $= 1 + 2 + 4 + 5 + 10 + 11 + 20 + 22 + 44 + 55 + 110 = 284$。同時，284 的所有正因數相加的和 $= 1 + 2 + 4 + 71 + 142 = 220$。

鐵盒內訊息的解密

恩尼斯開鎖之後，裡面發現了一張簡便的紙條，其內容如下：

13.5.5.5.5.17.3.5.5.25.15.21.1.7.3.13.7.3.7.2.9.11.7.9.15.11.
5.2.1.3.11.13.15.21.7.11.3.7.7.3.13.7.3.7.1.9.7.7.7.7

你的左手是我的右手，我們兩個在彼此的心裡牽手，互質的我們手牽手，仍然是一對完美的佳偶。

<線索一>

　　恩尼斯很快的發現這張紙條上的數字**沒有大於二十五的數字**，因此推測，此極為可能是由英文所轉過來的密碼系統，於是他嘗試著去將數字翻譯成字母，結果如表 3-1。

表 3-1　英文字母替代密碼法

字母	A	B	C	D	E	F	G	H	I	J	K	L	M
數字	1	2	3	4	5	6	7	8	9	10	11	12	13
字母	N	O	P	Q	R	S	T	U	V	W	X	Y	Z
數字	14	15	16	17	18	19	20	21	22	23	24	25	26
信件內容	13.5.5.5.5.17.3.5.5.25.15.21.1.7.3.13.7.3.7.2.9.11.7.9.15.11.5.2.1.3.11.13.15.21.7.11.3.7.7.3.13.7.3.7.1.9.7.7.7.7												

用英文翻譯的明文：

　　　　「Meeeeqceeyouagcmgcgbikgiokebackmougkcggcmgcgaigggg」

然而這樣所獲得的明文完全沒有意義，於是恩尼斯又重新思索。

<線索二>

　　恩尼斯發現，這個密文中除了 2 以外沒有其他的偶數，因此有可能是在偶數部份作了手腳。且在密文後半段中提到的「完美的佳偶」是什麼意思？從這段提示中，恩尼斯開始去找構成完美佳偶的要件：

一、你的左手是我的右手

左手是右手，這段話似乎是在說明密文部份「左右互相對稱」。於是恩尼斯開始找尋密文對稱的部份：

　　　　　左手　　　右手　　　　　左手　　　右手 左手　　　右手
13.5.5.(5.5)17.3.(5.5)25.15.21.1.(7.3)13.7.(3.7).2(9)11.7.(9)15.

　　　　　　　　　　左手　　右手 左手　　　右手　　　左手　　右手
11.5.2.1.3.11.13.15.21(7)11.3.(7)(7.3)13.7.(3.7)1.9(7)7.7.(7)

你的左手是我的右手，我們兩個在彼此的心裡牽手，互質的我們手牽手，仍然是一對完美的佳偶。

　　他驚訝的發覺密文裡面確實有許多對稱的部份，於是他進一步的去推敲何為「在心裡面牽手」。

二、我們兩個在彼此的心理牽手

13.5.5(5.5)17.3.(5.5)25.15.21.1(7.3)13.7.(3.7)2(9)11.7.(9)15.

11.5.2.1.3.11.13.15.21(7)11.3(7)(7.3)13.7.(3.7)1.9(7)7.7.(7)

你的左手是我的右手，我們兩個在彼此的心理牽手，互質的我們手牽手，仍然是一對完美的佳偶。

　　恩尼斯在左手和右手之間畫了一條線，代表讓兩個數手牽著手。他發現在這兩數之間夾著數的總合，似乎是左手或右手的兩倍。而當左手牽著右手，也就是左手的數目相加右手數目的總和，剛好會是它們兩個中間數的和，這或許就是「在心理牽手」的意思。

三、互質的我們手牽手

　　這句話也就是恩尼斯一開始最感到困惑的一段話，但是當他了解「心理牽手」的意思後，他已經可以猜出這段話的七八分：

13.5.5⟨5.5⟩[17.3]⟨5.5⟩25.15.21.1⟨7.3⟩[13.7]⟨3.7⟩2⟨9⟩[11.7]⟨9⟩15.

　　　17和3互質　　11和3互質　13和7互質　　11和7互質

11.5.2.1.3.11.13.15.21⟨7⟩[11.3]⟨7⟩⟨7.3⟩[13.7]⟨3.7⟩1.9⟨7⟩[7.7]⟨7⟩

你的左手是我的右手，我們兩個在彼此的心理牽手，互質的我們手牽手，仍然是一對完美的佳偶。

< 書籤二 >「哥德巴赫猜想（Gold bach Conjecture）」

德國數學家哥德巴赫（Gold bach，1690-1764）在 1742 年寫給歐拉（Euler，1707-1783）的信中曾提出猜想：任何大於 5 的奇數都可以表示成三個質數的和。數學家歐拉從哥德巴赫猜想，也延伸出另一猜想：任何大於 2 的偶數，都可以表示成兩個質數的和。

四、仍然是一對完美的佳偶

　　謎底到這裡已經算是完全解開，恩尼斯了解什麼叫做「完美的佳偶」，意思就是將「左手和右手」牽起來，將會等於雙手之間的兩個質數的和，而這兩個質數的和是「左手和右手」牽起來的值，將會合併成一個偶數，這也就是「一對完美的佳偶」的意思。

13.5.5.(5.5).17.3.(5.5).25.15.21.1.(7.3).13.7.(3.7).2.(9).11.7.(9).15.

11.5.2.1.3.11.13.15.21.(7).11.3.(7).7.3.(13.7).(3.7).1.9.(7).7.7.(7).

你的左手是我的右手，我們兩個在彼此的心理牽手，互質的我們手牽

手，仍然是一對完美的佳偶。

以此要領解得明文可得

13.5.5.**20**.25.15.21.1.**20**.2.**18**.15.11.5.2.1.3.11.13.15.21.**14**.

20.1.9.**14**

你的左手是我的右手，我們兩個在彼此的心理牽手，互質的我們手牽

手，仍然是一對完美的佳偶。

翻成明文

Meet you at brokeback mountain

（在斷背山與你會面）

紙稿三：「斷背山」密碼（續）

　　恩尼斯看完此封信後，不禁悲從中來。他可以想像傑克獨自一人在斷背山等他的孤獨身影，而這個身影在他的記憶中是如此的鮮明。他長長的嘆了一口氣，口中吐出淡淡的白煙，此時正值初春，寒冷的冬天即將過去，草木吐出新芽，一切欣欣向榮，斷背山上皚皚的白雪也因融化而散發出晶瑩的粼光。恩尼斯默默的望著斷背山，彷彿時間停止一般。

> 艾瑪悄悄的端來一杯咖啡放在恩尼斯旁，雙手從後面緊緊的抱住恩尼斯，好一回兒，都沒有說過半句話。直到外面傳來吉普車聲，打斷了這段沉靜，恩尼斯才回過神來，向旁望了一眼。吉普車上是兩個年輕人，載著各種牧羊的用具，眼神透露著他們的快樂、理想、抱負，而嘴角的笑容和不停的打鬧嬉戲可證明他們兩個深厚的友誼，恩尼斯看著這部吉普車漸行漸遠，往斷背山的方向，直到車子失落在遙遠的地平線。

「你心中是否有著秘密，藏在心中秘密是否也有屬於與他人間的秘密。就如上述故事中恩尼斯與傑克，秘密可以用很巧妙的方式將它隱藏，讓其他人不得而知，就像『密碼』的使用。」法老王在故事最後寫了這句話。

麒哥看著法老王的筆跡所寫的情節，雖字跡已有些模糊了，但前後對照下仍能辨識文字與數字。尤其法老王還將數字關係圈選加註記號，讓麒哥一目了然。此時麒哥明白了法老王如何能將前一則羅密歐給茱麗葉的故事改編地如此有趣，並在其中找出數字的趣味。

法老王是一個改編能手，擅長將數字與故事充分結合，藉而啟發麒哥對數字的興趣及對科學探究的精神。麒哥悠遊於法老王所編織的劇情哩，也激起對數字、密碼的好奇與探究。

這時，阿智還是沒有回來，麒哥起身伸了伸懶腰，就迫不急待地翻到另一本書，看到書裡紙稿整理的另一篇文章＜跳舞小人＞。主角對麒哥而言就不陌生了，那就是大名鼎鼎的名偵探福爾摩斯（Sherlock Holmes）。

紙稿四：跳舞小人

跳舞小人故事的開始是在一個悠閒的早晨，名偵探福爾摩斯收到了一封信，其中夾帶著一張看似幼童塗鴉的小人跳舞圖如圖 3-1。寄這封信來的希爾頓・丘比特（Hilton Cubitt）先生是聽聞福爾摩斯似乎對任何稀奇古怪的東西感到有趣，才先寄了這封信過來讓福爾摩斯研究，而丘比特本人也將於近日搭乘火車親自拜訪福爾摩斯。在除了這張塗鴉以外毫無線索的情況之下，名偵探福爾摩斯本人對此信似乎也是毫無頭緒。待丘比特抵達後，才娓娓道出事情的始末。

圖 3-1　跳舞小人，第一則訊息

丘比特在他的家鄉是個當地的名門望族，頗受居民的注目。一天，丘比特參加位於倫敦的一個慶典紀念會，於住宿處認識了艾爾西・帕翠克（Elsie Patrick）小姐，陷入了熱戀，不久之後便登記結婚。但是婚前艾爾西向丘比特提出一個要求：「為了不再回憶起以前的痛苦，請無論如何別過問我的過去，而你會娶到一個不曾做過任何使自己感到羞愧的事的女人。」當時丘比特也只想到，每個人或多或少都可能有些不堪回首的過去，於是便答應了；而婚後兩人的確也過著幸福美滿的生活。

　　直到有一天，艾爾西接到一封來自美國的信。她看過信後，臉色變得慘白，並立刻將之燒毀，不再提起有關的事。丘比特雖覺得納悶，但為了遵守諾言，也未再過問。過了一陣子平凡的生活後，丘比特某天忽然在窗台上看到了一排像是在跳舞的小人畫像，畫像內容即是寄給福爾摩斯紙條中所畫的小人圖案。丘比特原本以為是鄰居小朋友的惡作劇，所以也不以為意的將之洗刷乾淨。但他一次無意間和妻子提到這件事時，沒想到艾爾西卻將它看得非常嚴重，還要求丘比特要是再次發現相同的圖畫，一定要拿給她看。過了幾天，丘比特先生果然又再庭院中發現了一張紙條，上面畫著相同的圖形。待丘比特將紙條拿給艾爾西看過後，艾爾西像是受到了極大的驚嚇似的，竟然昏倒了；之後的日子也都魂不守舍，眼中充滿著恐懼。丘比特雖然擔心，但為了信守婚前的承諾，故也未再追問⋯⋯不過他想到了另一個解決之道，就是請福爾摩斯代為解決。

　　不過即使是名偵探福爾摩斯，仍舊是無法從這麼貧乏的資訊中整理出一個頭緒，所以只好請丘比特先回去且按兵不動，靜待新的變化出現。在這之後，福爾摩斯便隨身攜帶著那張紙條，細細研究。又過了幾天，福爾摩斯接到了丘比特所發出的電報。上面寫著，有更多新的資訊出現，而丘比特也正趕早班的火車過來。這消息使得我們的大偵探福爾摩斯不禁露出了一抹微笑。丘比特一到福爾摩斯的居所，便迫不及待開口訴說這些天有關小人圖案的事情變化；在丘比特上次拜訪過福爾摩斯之後隔天，竟然又在庭園的門板上發現了一些內容似乎不太一樣的圖形，如圖 3-2。

圖 3-2　跳舞小人，第二則訊息

　　這個發現使得丘比特氣炸了。他把這些圖案臨摹後擦拭乾淨，拿起抽屜裡的左輪手槍並填滿子彈，整夜守在屋外，想要當場逮住這個不知節制的小子。這樣的動作看在艾爾西眼裡，顯得又驚又怕。她央求丈夫不要繼續這樣危險的行為，但丘比特依舊不為所動。過沒幾天，還真的被丘比特發現一個人，在黑暗中鬼鬼祟祟的。丘比特立即出聲喝叱，追出門外想要抓住那名莫名其妙的惡作劇者，卻被醒來的艾爾西以安全為由給阻止了。即使如此，丘比特仍是徹夜巡邏警戒著。奇怪的是，丘比特並未再發現入侵者，卻在一大早又在門板上發現了幾行新的且較短的圖形，如圖 3-3。

圖 3-3　跳舞小人，第三則訊息

　　留一會兒，讓他有時間來整理這些訊息；不過丘比特不願留下妻子艾爾西一個人在家中太久，交待小人的訊息後便立刻搭車返回家

中。又一連幾天，福爾摩斯埋首於書桌上，致力於破解這些古怪符號所可能隱藏的訊息。首先發現的是，在這些看似在跳舞的小人中，有一個出現的次數顯得特別的多次，例如在第一張紙條中所出現的 15 個小人中，便出現了四個幾乎一模一樣的小人。

於是福爾摩斯便大膽假設這個符號是在英文單字中字母出現頻率也是最高的「E」。另外他也發現，有些小人手上拿著旗子，有些則沒有，故福爾摩斯判斷旗子代表的意義是單字的分隔符號：以第一張紙條所出現的圖形為例，那便是一個由四個單字所組成的句子，如圖 3-4。

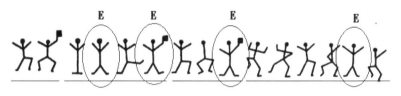

圖 3-4　跳舞小人，第一則訊息破解

接者，福爾摩斯又想起，第三份圖形是在丘比特沒有發生任何異常情況之下出現的，而他的妻子艾爾西很顯然的明白這些小人所代表的意義，因此將其視為艾爾西為回應前二則訊息，而畫下的小人圖案，似乎是合理的推測。福爾摩斯將第三份圖形中所出現的五個小人研究之後，發現二條線索，首先為在小人圖案中的第二及第四小人出現兩次，依之前所推論，這兩個小人圖案代表的意思是字母「E」，另一線索則是第三則小人圖案中沒有任一個小人帶有旗子，故福爾摩斯判斷，這一行的小人圖案可能是某個英文單字。但什麼單字是由五

個字所組成，第二及第四個字母是 E，又可以拿來作為回應的呢？想了許久，這個單字應該是「NEVER」；艾爾西對這些訊息表現得如此反感又害怕，回答「NEVER」拒絕也是頗為恰當。在解開這組符號的同時，也發現了代表「N」「V」「R」這三個字母的符號，如圖 3-5。

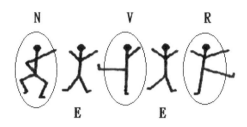

圖 3-5　第三則訊息破解

這時福爾摩斯突然從天外飛來了一個靈感：要是這份訊息是要傳達給艾爾西知道，那內容是否有可能出現她的名字（ELSIE）呢？於是福爾摩斯便開始搜尋所有訊息中、由五個字母所形成的單字且第一和最後的字母為 E 的圖形…果然，在第二份訊息中，發現了符合的情形，真不愧是神通廣大的名偵探福爾摩斯，在細微的資訊中找尋真相！於是乎，字母「L」「S」「I」便現出原形。再者，於他人姓名前使用動詞要求是一般通俗的口語用法，而什麼字是由四個單字組成、最後一個字母又是 E，且會令艾爾西厭惡的用「NEVER」來拒絕呢？這個字必定是「COME」；順便也發現了「C」「O」「M」等三個字母。綜合所有已被破解的符號，可以得到如圖 3-6 的結果。

圖 3-6　第二則訊息的破解

再回頭看第一份訊息。套入已知的「C」、「E」、「I」、「L」、「M」、「N」、「O」、「R」、「S」、「V」會得到如圖 3-7 的結果。

圖 3-7　第一則訊息破解

答案已經呼之欲出了。接下來使用最原始的窮舉法，扣除掉已破解的字母，將其他字母逐個配對以找出最有意義的解；在經過一番努力後，我們得到了如圖 3-8 的結果。

(a) 訊息 1

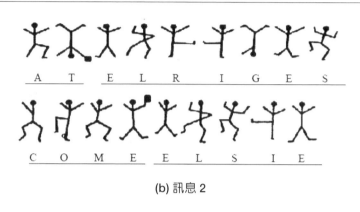

(b) 訊息 2

(c) 訊息 3

圖 3-8 三則訊息的解譯

訊息 1 的意思是：我阿貝・斯蘭尼（Abe Slaney）已經到這裡來了；訊息 2 是：我在埃爾里奇（Elriges）這個地方，艾爾西快來吧；訊息 3 則是艾爾西拒絕的回應：Never！

跳舞小人的訊息破解至此已算大功告成了。但是未等福爾摩斯向丘比特回報這個消息，丘比特便又寄了封信過來：內容大致是說這些日子以來都過得平安無事，只是在寫這封信的前一天又發現了另一張紙條，如圖 3-9。

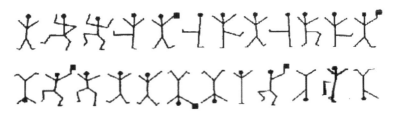

圖 3-9　第四則訊息

福爾摩斯將已破解的圖形對應到這份新的訊息上，如圖 3-10。

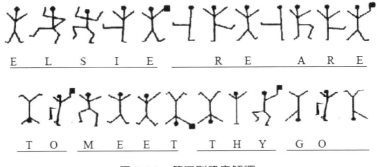

圖 3-10　第四則訊息解譯

　　把剩餘的空格填上「P」和「D」後，赫然出現了一個恐怖的訊息：Elsie，prepare to meet thy god ！（艾爾西，準備去見你的神吧！）發現了這個訊息內容的福爾摩斯不禁暗叫不妙，連忙趕往丘比特的住處；無奈還是遲了一步，艾爾西受了嚴重的槍傷，丘比特則不幸身亡。這下不由得惹怒了福爾摩斯，下定決心要將這兇手繩之以法。他先向當地人詢問，得知了埃爾里奇這個地方的所在後，也依樣學樣的寄了張紙條過去，指名給阿貝·斯蘭尼這個人。果真如福爾摩

斯所料，不久之後，兇手便自投羅網了。想知道福爾摩斯是如何能將
這兇手繩之以法的嗎？他所寄出的紙條內容如圖 3-11，你能知道此
圖案所傳達的訊息嗎？試著解讀看看吧，挑戰大偵探所畫的紙條。對
於所有跳舞小人圖形字母對照如圖 3-12 所示。

圖 3-11 福爾摩斯的小人圖案

字母	符號	字母	符號	字母	符號	字母	符號	字母	符號
A		B		C		D		E	
F		G		H		I		J	
K		L		M		N		O	
P		Q		R		S		T	
U		V		W		X		Y	
Z									

圖 3-12 小人圖案代表的字母

　　牆上的掛鐘滴答滴答的響著，麒哥津津有味地讀著每一則故事。

　　突然，一陣開門聲打斷了麒哥的思緒。「爸，我回來了！」阿智喊
著，「抱歉啦！我們又去吃了宵夜，所以現在才回來。」

　　「現在幾點了？」麒哥回了神說道。

「已經快十二點了！」

「啊？這麼快喔？」麒哥脫口說道。

麒哥這麼一說，阿智頓時愣住了，對於自己這麼晚回家，阿智本有些不好意思，但現在聽道麒哥的回答，頓時讓他感到手足無措，不知該如何回答麒哥。

此時午夜十二點的鐘聲響起，才正式讓麒哥回了神。

沒有阿智的訝異。麒哥意猶未盡地說：「怎麼這麼快就十二點了？」

阿智終於知道剛進門時，麒哥說「這麼快喔？」的意思了。原來麒哥專心看著法老王的書，對於阿智打招呼的聲音完全沒有察覺。只覺得「太快回來」打斷了他看下去的興致。而直到午夜的鐘響時，才真正敲醒麒哥的「密碼夢」。

「爸～我們下星期要考期中考。同學影印時，還邊問一些講義上的有關密碼的文字與符號。他們是怕我的字太草，若是看錯就完蛋了。」阿智多做了解釋說。

「密碼！你剛說什麼？」麒哥驚呼，「什麼密碼？」麒哥又重複了一次。

阿智一頭霧水的看著麒哥，「沒有啦！就是上次不是跟你說我們要期中考，得補一些進度，加上開學後教的一些傳統密碼的部分都要納入考試範圍。」阿智接著說道，「那些密碼有一些密碼表跟例子，我筆記都有抄下來。所以他們就邊影印邊確定一些字，看我有沒有抄錯。像『U』跟『V』這些字，他們說抄錯一個字可能就解不出來了，所以特別再問我有沒有錯誤。」

「筆記有帶回來吧？」麒哥說。做著「密碼夢」的麒哥對於阿智的晚歸，並未多做詢問，只要人平安回家就好。此時的他只顧著要阿智的筆記。

自從法老王的一席話後，麒哥每次與法老王討論過後都會帶書回家研讀，阿智就經常看到麒哥面露笑意地在抄寫數字。有時靠近麒哥，他還會問些數字有關的問題。例如：「台北 101 有 101 樓層，對吧？它是最高的嗎？」阿智當時是這樣回答的，「已經不是最高的了，最高的現在是中東的杜拜。不過台北 101 是我們台灣的地標，老外都會來參觀呢！」

起初，阿智有些訝異麒哥的問題，但漸漸地也開始能理解麒哥的想法。阿智也樂見麒哥對數字與密碼感興趣，至少比嗜酒好太多了。

阿智卸下還背在身上的背袋，並翻開他所有的課本、筆記本以及筆記型電腦。「我找一下，筆記應該在最上面才對。」阿智說。

「找到了嗎？」

「等一下，要考試了，我背包東西太多，我還有電腦跟一些無線上網的設備都裝在裡面。」阿智說，「找到了。影印完，我把它塞回這裡。這一本就是從開學到今天的數字密碼筆記。」

「東西放著，先去洗澡吧。」麒哥說。

迫不及待翻開筆記本的麒哥，心生安慰。阿智所作的筆記，除了將有著上課的內容，還有阿智自己額外找尋補充相關題材，讓原先枯躁乏味的課堂筆記，現在看起來就像是一本有趣的小說。麒哥心想：「難怪

同學都搶著要跟阿智影印筆記。」在隨手翻閱阿智的筆記本時，麒哥也找到了古典密碼學演進的幾種密碼法：「斯巴達密碼棒」、「凱薩密碼」及「維吉尼爾密碼法」。

CHAT-ANGEL 古典密碼學

　　古典密碼學是密碼學中的其中一支，其主要的加密方式都是利用替代式密碼或移轉式密碼，有時則是兩者的混合，但基於安全因素，於現代社會已經很少被使用。

斯巴達密碼棒（Scytale）

　　屬於「移轉密碼法（Transposition Cipher）」。在西元前 5 世紀，期巴達人在軍事戰爭中，便使用斯巴達密碼棒來進行密秘通訊，讓敵人無法知悉我方的軍情情形。

加密方法

　　首先將皮革紙（羊皮紙）纏繞於一定粗細棍棒上，假如為剛好能寫上五個字的大小，按著順序書寫欲傳遞的訊息，隨後拆下。「拆」下的皮革紙，因訊息位置發生移轉作用，對方收到皮革紙（羊皮紙）後，只有將皮革紙（羊皮紙）捆綁於剛好能寫上五個字母大小的棍棒上，才能將字元順序還原，否則訊息是無意義的。

　　阿智此時還加註 PS：竊密者擷取到密文，若不知密碼棒的大小，也是無法解讀訊息，進而完成保護訊息的目的。流程如圖 3-13。

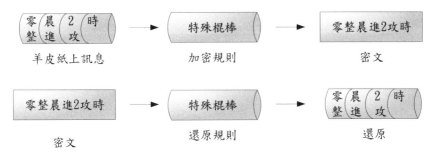

圖 3-13 斯巴達密碼棒

凱薩密碼（Caesar Cipher）

屬於「替代方式」的加密方法。西元前一世紀的凱薩（Caesar）大帝使用「替代」密碼對訊息加密，避免書信內容在傳遞過程中遭敵人竊取並解悉訊息內容。

加密方法

例如將字元依字元集順序往後挪移五位後，第五位字元代替原本字元，組成一字元對照表，如表 3-2。利用此對照表，當字元為「A」時，則以「F」來代替；字元為「B」時，則以「G」來代替，以此類推將，欲傳達的訊息加密，如圖 3-14。

表 3-2 凱薩密碼字元對照表

字元集	字元後移五位
A	F
B	G
C	H

字元集	字元後移五位
D	I
E	J
F	K
G	L
H	M
I	N
J	O
K	P
L	Q
M	R
N	S
O	T
P	U
Q	V
R	W
S	X
T	Y
U	Z
V	A
W	B
X	C
Y	D
Z	E

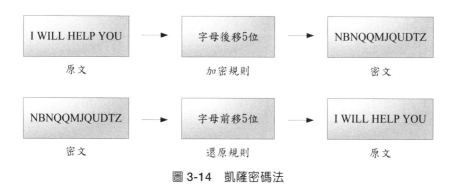

圖 3-14 凱薩密碼法

維吉尼爾密碼法（Vigènere Cipher）

屬於「字元替換」的加密方式，它增加凱薩密碼法替換的複雜度，改善凱薩密碼安全度是不高的問題。

凱薩密碼的問題：字母分析頻率

生活上使用的字母頻率是不一樣的，而凱薩密碼只是將字母替代，所以仍存在字母頻率的問題。只要仔細分析密文中字母出現頻率，解譯密文非難事，像凱薩密碼這種複雜度較低的加密方式，已無法達到保護秘密的目的。

解決凱薩密碼的問題：增加字母替代的複雜度

將字母替代的複雜度增加，透過以二種、三種、四種……等字元表做加密，最後製成 26 種字元表，如表 3-3。第一行是明文字元，淺藍色範圍第一行開始做位移動作，第一行為正常順序，第二行往左移一位，第一個字元 A 放到該行最後；第三行再將第二行字元往左移一位，B 字元放到最後，以此方式編成 26 種字元表。

表 3-3　26 種字元表

字元	A	B	C	D	E	F	G	H	I	J	K	L	M	N	O	P	Q	R	S	T	U	V	W	X	Y	Z
A	A	B	C	D	E	F	G	H	I	J	K	L	M	N	O	P	Q	R	S	T	U	V	W	X	Y	Z
B	B	C	D	E	F	G	H	I	J	K	L	M	N	O	P	Q	R	S	T	U	V	W	X	Y	Z	A
C	C	D	E	F	G	H	I	J	K	L	M	N	O	P	Q	R	S	T	U	V	W	X	Y	Z	A	B
D	D	E	F	G	H	I	J	K	L	M	N	O	P	Q	R	S	T	U	V	W	X	Y	Z	A	B	C
E	E	F	G	H	I	J	K	L	M	N	O	P	Q	R	S	T	U	V	W	X	Y	Z	A	B	C	D
F	F	G	H	I	J	K	L	M	N	O	P	Q	R	S	T	U	V	W	X	Y	Z	A	B	C	D	E
G	G	H	I	J	K	L	M	N	O	P	Q	R	S	T	U	V	W	X	Y	Z	A	B	C	D	E	F
H	H	I	J	K	L	M	N	O	P	Q	R	S	T	U	V	W	X	Y	Z	A	B	C	D	E	F	G
I	I	J	K	L	M	N	O	P	Q	R	S	T	U	V	W	X	Y	Z	A	B	C	D	E	F	G	H
J	J	K	L	M	N	O	P	Q	R	S	T	U	V	W	X	Y	Z	A	B	C	D	E	F	G	H	I
K	K	L	M	N	O	P	Q	R	S	T	U	V	W	X	Y	Z	A	B	C	D	E	F	G	H	I	J
L	L	M	N	O	P	Q	R	S	T	U	V	W	X	Y	Z	A	B	C	D	E	F	G	H	I	J	K
M	M	N	O	P	Q	R	S	T	U	V	W	X	Y	Z	A	B	C	D	E	F	G	H	I	J	K	L
N	N	O	P	Q	R	S	T	U	V	W	X	Y	Z	A	B	C	D	E	F	G	H	I	J	K	L	M
O	O	P	Q	R	S	T	U	V	W	X	Y	Z	A	B	C	D	E	F	G	H	I	J	K	L	M	N
P	P	Q	R	S	T	U	V	W	X	Y	Z	A	B	C	D	E	F	G	H	I	J	K	L	M	N	O
Q	Q	R	S	T	U	V	W	X	Y	Z	A	B	C	D	E	F	G	H	I	J	K	L	M	N	O	P
R	R	S	T	U	V	W	X	Y	Z	A	B	C	D	E	F	G	H	I	J	K	L	M	N	O	P	Q
S	S	T	U	V	W	X	Y	Z	A	B	C	D	E	F	G	H	I	J	K	L	M	N	O	P	Q	R
T	T	U	V	W	X	Y	Z	A	B	C	D	E	F	G	H	I	J	K	L	M	N	O	P	Q	R	S
U	U	V	W	X	Y	Z	A	B	C	D	E	F	G	H	I	J	K	L	M	N	O	P	Q	R	S	T
V	V	W	X	Y	Z	A	B	C	D	E	F	G	H	I	J	K	L	M	N	O	P	Q	R	S	T	U
W	W	X	Y	Z	A	B	C	D	E	F	G	H	I	J	K	L	M	N	O	P	Q	R	S	T	U	V
X	X	Y	Z	A	B	C	D	E	F	G	H	I	J	K	L	M	N	O	P	Q	R	S	T	U	V	W
Y	Y	Z	A	B	C	D	E	F	G	H	I	J	K	L	M	N	O	P	Q	R	S	T	U	V	W	X
Z	Z	A	B	C	D	E	F	G	H	I	J	K	L	M	N	O	P	Q	R	S	T	U	V	W	X	Y

加密方法

　　維吉尼爾密碼法的加密規則是，將要加密的字母依序參照字元表，然後替換字母。以明文「THE CRYPTOGRAPHY IS FUNNY」為例，參照表 3-3。

【加密】

(1) 第一個字元為「T」,「T」對應第一列的字元為「T」,所以「T」→「T」。

(2) 第二個字元為「H」,「H」對應第二列的字元為「I」,所以「H」→「I」。

(3) 第三個字元為「E」,「E」對應第三列的字元為「G」,所以「E」→「G」。

(4) 第四個字元為「C」,「C」對應第四列的字元為「F」,所以「C」→「F」。

(5) 第五個字元為「R」,「R」對應第五列的字元為「V」,所以「R」→「V」。

(6) 以此類推參照表 3-3,將明文每個字元做轉換,若明文超過 26 個字元,則第 27 個字元從頭開始參照字元表的第一列。

(7) 經加密後,明文「THE CRYPTOGRAPHY IS FUNNY」轉換為密文「TIG FVDVAWPBLBUM XI WMGHT」。

加密方法的變化

1. 約定數字加密

　　26 種字元表的加密規則,讓原本的加密規則是依字母順序參照字元表第一列到最後一列重複循環。但如果字母參照表,不依照順序替換,破密的難度又更上一層樓了。只要通訊雙方約定使用字元的某幾行做加密,如此一來,這不就是另類的維吉尼爾密碼法加密。同樣明文:「THE

CRYPTOGRAPHY IS FUNNY」為例，參照表 3-3，使用第 9、16、5、21、18 列的字元加密：

【加密】

(1)　第一個字元為「T」，「T」對應第 9 列的字元為「B」，所以「T」→「B」。

(2)　第二個字元為「H」，「H」對應第 16 列的字元為「W」，所以「H」→「W」。

(3)　第三個字元為「E」，「E」對應第 5 列的字元為「I」，所以「E」→「I」。

(4)　第四個字元為「C」，「C」對應第 21 列的字元為「W」，所以「C」→「W」。

(5)　第五個字元為「R」，「R」對應第 18 列的字元為「I」，所以「R」→「I」。

(6)　第六個字元為「Y」，超過 5 個字元從頭開始循環，「Y」對應第 9 列的字元為「G」，所以「Y」→「G」。

(7)　以此類推參照表 3-3，將明文每個字元做轉換，若明文超過 5 個字元，則第 6 個字元從頭開始依序參照第 9、16、5、21、18 列。

(8)　經過加密後，明文「THE CRYPTOGRAPHY IS FUNNY」轉換為密文「BWI WIGEXIXZPTBP QH JOEVN」。

2.　約定字母加密

除了約定數字外，字母也可以是加密的規則。例如「SECRET KEY」，同樣參照表 3-3，依序完成加密。

　　阿智另外加註 PS：若明文長度超過密鑰長度，同樣從頭開始參照「S」這一列的字元，如表 3-4 所示。

表 3-4　以字詞作密鑰加密規則

明文	T	H	E	C	R	Y	P	T	O	G	R	A	P	H	Y	I	S	F	U	N	N	Y
加密規則	S	E	C	R	E	T	K	E	Y	S	E	C	R	E	T	K	E	Y	S	E	C	R

　　以同樣明文：「THE CRYPTOGRAPHY IS FUNNY」為例，使用密鑰「SECRET KEY」加密，參照表 3-3。

【加密】

(1)　第一個字元為「T」，「T」對應第 S 列的字元為「L」，所以「T」→「L」。

(2)　第二個字元為「H」，「H」對應第 E 列的字元為「L」，所以「H」→「L」。

(3)　第三個字元為「E」，「E」對應第 C 列的字元為「G」，所以「E」→「G」。

(4)　第四個字元為「C」，「C」對應第 R 列的字元為「T」，所以「C」→「T」。

(5)　第五個字元為「R」，「R」對應第 E 列的字元為「V」，所以「R」→「V」。

(6)　以此類推參照表 3-3，將明文每個字元做轉換，若明文超過密鑰長度，則從頭開始依序參照。

(7) 經過加密後，明文「THE CRYPTOGRAPHY IS FUN」轉換為密文「LLG TVRZXMYVCGLR SW DMRPP」。

不同加密規則，儘管是同樣的明文仍可產生不同的密文，如表 3-5。

表 3-5　不同加密規則產生的密文

明文
THE CRYPTOGRAPHY IS FUNNY

	密文
1. 金鑰：字元順序	TIG FVDVAWPBLBUM XI WMGHT
2. 金鑰：9、16、5、21、18	BWI WIGEXIXZPTBP QH JOEVN
3. 金鑰：SECRET KEY	LLG TVRZXMYVCGLR SW DMRPP

「阿智的筆記做得真是不錯，說明不但有條有理的，還摘錄重點跟附註哩！」麒哥頗有心得的看完了阿智的筆記本。

阿智走了出來。「老爸，你還在看嗎？」阿智說。

「你洗完澡啦？」

看看牆上的掛鐘。「是啊！我早洗完了。我看你在看我的筆記，所以先到房間找其他書，」阿智說，「明天星期六，我們同學下午約好去圖書館討論準備考試的事，我先找書。等我明天起床，大概又快中午，怕忘了這件事。」

阿智本來想週五玩電腦整夜通宵，所以睡到中午是很自然的事，但看到麒哥人就在客廳的電腦旁，若提要玩電腦未免大煞風景。此好話鋒一轉，先說起明天出門的事。

「那你先去睡了。」麒哥點了點說道，「早點起來，不要老是睡到中午。」麒哥嘀咕著。

看著阿智進了房間，闔上阿智的筆記。麒哥再翻了幾本法老王的書，心想：「究竟明天下午法老王在不在家呢？」

「喔！兩點了！」麒哥看著時鐘說，此時麒哥才驚覺時間不早了，在回房睡覺前，麒哥先走向阿智房間，看到阿智睡著的模樣，麒哥欣慰的摸了摸阿智的頭，看了看他一會兒，嘴裡呵笑著說：「小孩大了，懂多了，反而要跟他學東西了。」而阿智剛剛拿出的幾本書正擺在書桌上，麒哥也就順手把筆記本放在一起。

隔天中午，麒哥打了通電話給法老王，想詢問法老王下午是否有空。

「請問法老王在嗎？」麒哥問道。

「是麒哥啊！什麼事？那些書怎樣？回去有沒有翻翻？」法老王笑答。

「你下午有空嗎，我想去找你聊聊。」

「行啊！你如果要來就兩點來好了。」法老王說。聽麒哥的聲音似乎很有精神，法老王也就不再多問書的事了。

下午麒哥騎著摩托車到了法老王家，法老王笑嘻嘻地迎向麒哥。

不等法老王開口。「法老王，你的書我昨天有翻了，你裡頭的『故事』好多啊！謝謝你啦！」麒哥誠懇地說道。

「你看了呀？」法老王開心地回答，「那些是我以前看書時，將我的想法與相關的報導整理起來，夾在書本中。我還得謝謝你，讓我重溫

當時的回憶。也讓我有機會將這些想法跟你分享，有人分享可是人生樂事之一呢！」

　　法老王似乎也感受到麒哥喜悅的心情，不禁語調上揚，連嘴角也微微上揚，「來來來！我來跟你說說我當時的想法好了。」法老王說道。

　　「密碼、安全與質數是離不開關係的。」法老王開口的第一句話就讓麒哥面露難色。麒哥心想，「密碼」、「安全」一聽就知道有些「硬」，待會腦袋瓜可要上緊發條，全力運轉啊！

　　看到麒哥這樣，法老王心想得換一種方式講，不然麒哥這個知音恐怕會被他嚇跑了呢！

　　「你有用提款卡嗎？還是保險箱之類的？」法老王話鋒一轉，就隨口問了麒哥。

　　「有啊！提款卡有在用，錢這麼重要，一定要保護的啦！保險箱倒就沒有了，畢竟我也沒有什麼重要的寶貝會需要用到保險箱。」

　　還在想著「密碼」及「安全」的麒哥，被法老王一問，竟愣了一下。但隨即地回神過來，吞吞吐吐地回答法老王的話。

　　「麒哥，你剛說到了一個重要的字喔！」法老王說。

　　「哪個字啊？」

　　「就是『保護』。重要的東西，大家都是想保護的。就像提款卡你得設置密碼，不讓別人偷領你辛苦賺的錢。」法老王說。

　　「對啊！不設置密碼，重要的東西就會被隨意地拿走。那這樣天下可是會大亂的。」麒哥誇張地說。

法老王輕輕嗯了一聲，「那麼，怎樣的密碼你才覺得夠安全？或者說換個問法，你都怎麼選密碼的呢？」法老王說。

「用身份證或者我老婆的生日。」，麒哥不假思索地說。

看到麒哥似乎回想到過世的妻子，法老王不禁暗罵自己一聲糊塗。立即轉移話題問道，「麒哥，這樣你有沒有感覺到，密碼其實就是生活的一部份；故事，也是從生活的感動而來，所以故事裡有密碼也就理所當然的啦！」法老王說。

麒哥小時候也是個古靈精怪愛幻想的小孩，密碼這類的謎語也經常出現在兒時的無憂無慮世界裡。但成長的過程、現實的生活以及嗜酒的習慣，麒哥已逐漸淡忘而埋藏起自己，直到最近。

「不過提到密碼，昨晚法老王你借我的書，有些地方我還是看不太懂。還好阿智有修了些這方面的課程，我問了他一些，也就大概知道了。」麒哥說。

「對了，書裡頭的凱薩密碼與維吉尼爾密碼，就是用金鑰做了訊息的加密轉換，挺有趣的。」麒哥說。

在法老王面前，麒哥有意地說了這幾個密碼方法來凸顯自己的認真。

法老王有點訝異，昨晚的書份量是不少的，要讀完可不是件容易的事，而麒哥似乎都翻看了一遍，可見他的用心。「麒哥不錯喔！這個剛好可以跟『密碼』和『安全』有關呢！」法老王說。「古今中外密碼在軍事與外交中一直是被相當重視的一塊。由於軍情及外交要務不能被他國知道，所以各國為保護情報，都秘密發展密碼系統呢！」

「就像凱薩密碼，對不對？」麒哥插了句話說。

「沒錯，除了加密外，各國也絞盡腦汁地試圖破解對手的密碼。」法老王微笑地說。

「密碼的攻防可以說是一場沒有硝煙的攻防戰，加密與解密彼此互相對抗卻也又互助對方成長，我現在跟你說個近代的密碼事件，你就了解了。」法老王拉高音量地說。

法老王這時停頓了一下，緩緩地說出「我所說的就是德國設計的『英格瑪（Enigma）密碼機』。」

麒哥一臉狐疑看著法老王，心想著：「『英格瑪密碼機』？我怎麼昨晚沒翻到？我明明每本都有翻過，而且裡頭一些書籤跟折頁也都沒漏掉啊？」

「英格瑪改變了過去較早的處理方式。那也是開始改變密碼的命運，變成現在資訊科技裡不可不知的重要知識。」法老王說。

「這『英格瑪密碼機』好像不在你的書吧？」麒哥慢慢地說。

麒哥表情顯的奇怪，望向法老王。

幾次的閒談，法老王知道麒哥對密碼是有一定興趣的。而對初學者而言，「英格瑪密碼機」並不是這麼容易理解的，本打算之後有機會再說給麒哥聽，只是沒想到才過一天麒哥就來了，速度之快，讓法老王措手不及，但同時法老王對麒哥的求知欲感到高興。

「是沒在我昨天給你的書裡面。沒關係，我現在說明『英格瑪（Enigma）密碼機』不就結了？」法老王笑說。「這是那時我留下的稿件，你就一邊聽一邊翻看吧！」

　　幾次與法老王的談話過後，麒哥從一些書本的夾頁紙已發現法老王有寫閱讀心得的習慣，也就順勢拿了稿。在法老王開口說話的同時，麒哥看了標題寫著幾個大字：「密碼的翻身」，心裡好奇之餘，也就繼續讀下去了。

CHAT-ANGEL　密碼的翻身

　　英格瑪名稱源自希臘語，意指「不可思議的東西」或「謎」。英格瑪密碼機突破性地結合機器來進行加密，使得密碼更不易被破解，並且有效率地進行加 / 解密。1920 年代早期，「英格瑪密碼機」開始被用於商業，其中最主要的使用者是第二次世界大戰時的德國。而在「英格瑪密碼機」眾多版本中，最為出名的便是納粹使用的版本。

　　直到第一次世界大戰結束時，無線電密碼仍是採用手工編碼的方式，效率不佳。因此，在軍事通訊領域中，需要一種更為安全、可靠的加密方式。也正是在這樣的時空背景下，英格瑪因運而生。英格瑪發明並非來自同一人或一個研究團隊，而是在歷史時空的需求與交錯下，不同的發明人設計其相關的原件技術，最後由德國人亞瑟‧薛爾比烏斯（Arthur Scherbius）技術引用，加以改良並命名為英格瑪（Enigma）。當時英格瑪是有史以來最為可靠的加密系統之一。

　　英格瑪看起來是一個複雜而裝滿精致零件的盒子。不過要是我們把它打開來，可以看到它被分解成相當簡單的幾個部分，其中最基本的四大部分為：鍵盤、旋轉盤及連接板，如圖 3-15。

圖 3-15　英格瑪密碼機

（http://commons.wikimedia.org/wiki/File:Enigma_-_Military）

　　1932 年，波蘭密碼學家馬里安‧雷耶夫斯基（Marian Adam Rejewski）、傑爾茲‧羅佐基（Jerzy Witold Różycki）、與亨里克‧佐加爾斯基（Henryk Zygalski）依據「英格瑪密碼機」的原理破解了它。1939 年，波蘭政府將破解方法告知了英國和法國，大大的幫助了西歐的盟軍部隊，使得第二次世界大戰能提早結束。

　　「雷耶夫斯基透過分離旋轉盤的狀態和連接板的狀態，簡化了破譯英格瑪的工作。破解的工程耗大且極富難度，這幾位數學家不眠不休地的分析才能找出難得的線索。雷耶夫斯基對於英格瑪的分析是在密碼分

析史上最重要的成就之一。另外兩位數學家羅佐基和佐加爾斯基也在後續的配合與分析工作作出了很重要的貢獻。」法老王說。

「英格瑪真的比過去的密碼系統來的複雜且多變化。」麒哥有感而發地說。

「時代一直在進步，戰爭的發生是密碼推動最有效的潛在催化元素。從最早期的紙筆到二十世紀的第二次世界大戰許多機器的發明使得密碼的設計分析越來越複雜，現在我們使用電腦更是進入數位密碼的時代呢。」法老王說。「密碼的翻身，英格瑪出現可說是個重要的分水嶺。之後隨之發展的密碼系統，有許多重要的觀念與設計分析是從英格瑪設計原理演變而來。」

「翻身！密碼翻身！」麒哥重複說。「你是說地牛翻身的那個翻身？密碼會『翻身』，為什麼？」

麒哥有些狐疑地望向法老王，想知道箇中奧秘。畢竟今天與法老王的談話中所說的密碼，用來說明爾虞我詐的戰爭倒也恰當。但法老王「翻身」的這句話，卻令麒哥產生了更多疑惑。

「哈哈！密碼是真的翻身，水漲船高喔！」法老王笑說。「早期密碼的確是數學家與戰爭的專利。數學家在有趣的問題上找出加密與解密的關係；戰爭更是費盡心思來設計訊息的加解密來保護重要的情報，取得最後的勝利。」

法老王停頓了一下，忽然站了起來，在客廳走了一圈。並走到客廳旁的電腦前坐下。

「還記得質數嗎？」法老王說，「質數之所以在數字系統特別，那是因為它的成分單純，只有 1 與自己作為因數，不會和其他數字有共同的數字關係。你可以想像它是個孤獨的數字。那我問你，『孤獨』好嗎？」

「『孤獨』好嗎？」麒哥重覆地說，「什麼意思？你這問題好奇怪喔！」麒哥疑惑地同時並反問法老王。

「對啊！『孤獨』好嗎？」法老王說，「孤獨的人，話就少了些，不會四處說話，不會到處拉關係。秘密在這種人身上最保險了，對吧？」

麒哥沈思了一會兒後忽然跳了起來，「我知道了。」麒哥說，「如果質數是『孤獨』的，就不會跟其他數字有太多關係，那麼拿質數當作密碼的基礎，就可以保障秘密的安全，一定是這樣。」

法老王並沒有急著回答麒哥的問題，而是拿了電腦桌前一張紙並坐了下來。開始振筆疾書。

「質數」、「安全」、「密碼」、「RSA」、「中國剩餘定理」、「對稱式密碼系統」、「公開金鑰密碼系統」。

「阿智上大學了，我記得你家裡有台電腦，是吧？」法老王說。原來前些時候阿智除了家裡的電腦外，為了學校跟圖書館唸書時可以隨時使用電腦，便央求麒哥想額外買台筆記型電腦。對電腦一竅不通的麒哥當下打了電話給法老王，要阿智直接跟法老王說明事情的始末，法老王提供了意見之餘，也了解麒哥家中電腦的使用情形。

　　「現今電腦與網路即是利用『數位密碼』進行加密，避免傳輸的訊息在網路上被竊取解密，有了這一層防護，得以讓電腦使用與網路應用在安全環境下發展，提供多元的應用服務，比如說：電腦的資料處理、網路交易、無線通訊等，這些都是『數位』帶來的快速發展。」法老王說。

　　法老王特別對「數位」做了強調。提到電腦與網路的出現，讓密碼研究與應用開始「鹹魚翻身」，使得密碼也不再只是單純死板印象的數學推理與狹隘的數字遊戲，而是與現代的科技生活息息相關，舉凡電腦與網路的使用都與「密碼」、「安全」有關。

　　接著指著剛寫下網址的一張紙，「今天你收穫很多喔！晚上你有空可以用阿智的電腦上網，然後再打關鍵字，你會知道質數與數位密碼的關係了。」法老王說，「你就搜尋關鍵字：『孤獨』與『質數』，『質數』與『密碼』的關係，這樣就行了，哈哈！」法老王對著麒哥笑得開心說道。

　　「對了，我沒想到你會這麼快來，所以有些事還來不及辦，」法老王有些抱歉地說著，「傍晚我有些電腦設備要換修得出門一趟，恐怕就不能陪你了！」

　　法老王拿起那張紙，走向麒哥。「回家有空可以就先做做今天的『功課』，上網搜尋『數位密碼翻身』的資訊，打鐵要趁熱喔！」法老王再提醒麒哥說道。

麒哥筆記 來看看你累積了多少功力！

- 快樂數：特徵即是將某一數字的每一位數作平方和後，再將得到的新數，不斷重複「每一位數作平方和」的循環，最終後會得到數字 1，那我們稱此數字為快樂數。

- 親和數：如果一對正整數，他們所有的「正因數和」相互是對方，這樣的一對正整數就稱之為「親和數」。

- 哥德巴赫猜想：任何大於 5 的奇數都可以表示成三個質數的和。此外，數學家歐拉從哥德巴赫猜想，也延伸出另一猜想：任何大於 2 的偶數，都可以表示成兩個質數的和。

- 古典密碼學：是密碼學中的其中一支，其主要的加密方式都是利用替代式密碼或移轉式密碼。

  - 斯巴達密碼棒：屬於「移轉密碼法」，其原理是調動明文字元的位置，使訊息攔截者無法了解訊息內容。

  - 凱薩密碼法：屬於「替代方式」的加密方法，即將訊息中的每一個字元，分別以另一個字元作取代，以達到加密的效果。

  - 維吉尼爾密碼法：同樣屬於字元替換的加密方式，它增加了凱薩密碼法替換的複雜度，改善凱薩密碼法的不足。維吉尼爾密碼法利用 26 種字元表，結合不同的金鑰，大幅提高加密的安全性。

■ 英格瑪密碼機：英格瑪，名稱源自希臘語，意指「不可思議的東西」或「謎」。英格瑪密碼機突破性地結合機器來進行加密，使得密碼更不易被破解，並能更有效率地進行加／解密，活躍於二次大戰時期，在當時被認為是最為可靠的加密系統之一。

第四章

不是不可能的鹹魚翻身

本章摘要

隔些日子，麒哥帶著法老王交代的功課再次拜訪並討教於法老王，但對於其中的加密方法仍一頭霧水，經過法老王一一解說，麒哥恍然大悟，對於對稱式金鑰密碼系統、DED/3-DES、AES、非對稱式金鑰密碼系統（公開金鑰密碼系統）與 RSA 有了進一步了解，也不得不佩服數字的魔力。

法老王解惑

這一章有什麼內容呢？

1. 對稱式及非對稱式金鑰密碼系統
2. 著名加密標準：DES / 3-DES、AES、RSA

麒哥看看月曆，已經好一陣子沒去找法老王了。一方面是店裡陸續有些老舊設備需要汰換，找廠商估價什麼的花了不少時間，一方面他也不希望自己占用法老王太多時間，畢竟他要備課什麼的，應該也很忙才對。

手機鈴聲響起，是法老王打來的。

「阿麒，最近很忙嗎，怎麼好幾個禮拜沒你消息啊？」其實法老王也忍了好幾天才打電話，一來是怕麒哥真的有事在忙，一來也怕麒哥誤會自己是來「催交作業」的。

「我覺得自己之前太打擾你了，你平常要上課，又要做研究什麼的，應該也很忙吧。」

「唉喲，你在客氣什麼，都幾年的老朋友了！」法老王鬆了一口氣，幸好不是他擔心的情形。「你不來打擾我，我的耳朵還會癢咧！」法老王想了想，「這樣吧，後天我下午沒課，而且最近學校的杜鵑花都開了，如果你有空的話，要不要來我們學校，我帶你散散步、看看花，再來喝個茶、聊個天！」

麒哥心想，大學畢業已經不知道是多少年前的事了，雖然阿智也是個大學生，但他從小獨立，就連新生報到什麼的都沒要人陪，所以麒哥也從來沒去過阿智的學校；而且除非法老王邀約，否則他很少主動到外面散步閒晃。

「當然好啊！」麒哥很開心，隨即在電話裡和法老王談定時間，法老王還仔細地告訴麒哥如何從校門口到系館。

　　兩天後，麒哥興致勃勃，不但帶著列印好的「作業」，還準備了一堆滷味和小菜。拜訪的前一天晚上，阿智看到麒哥在準備這些東西，還忍不住打趣他：「這到底是要去踏青，還是喝酒啊？」

　　依法老王的指示走到系館門口，再搭電梯上樓。麒哥按著指標指示，終於找到法老王的研究室。

　　「歡迎歡迎，」法老王聽到敲門聲，很快就來應門。「不好意思啊，研究室東西比較多，有點亂……」看了看麒哥手上的袋子。「你是帶了什麼啊，怎麼這麼大包？」

　　「咦？沒什麼啦，就一些滷味小菜而已。」

　　「這哪是『一些』，」法老王忍不住笑出來，「我們就算吃三天三夜也吃不完啊！」

　　「哪有你說的那麼誇張，」麒哥不以為然，「你的食量我很了解，我還怕不夠呢！」

　　「嘿嘿，所以我先去了學校餐廳買了些飯，準備來配你的小菜！」法老王笑嘻嘻地從櫃子裡拿出兩副碗筷和一盒熱騰騰的白飯。

　　兩人吃喝一陣，麒哥迫不及待地想拿出他的「作業」，但法老王卻制止了他：「不急，你沒聽過『肚飽眼皮鬆』？現在血液都在肚子裡，哪有辦法想事情？」

　　「也是。」麒哥表示同意，「對了，你說你們學校的杜鵑花開了，還是我們趁著天氣好，先去散個步，消化一下吧！」

「這個提議不錯，馬上就走。」法老王隨即抓起外套，領著麒哥往校園裡去。

法老王和麒哥在校園裡漫步，除了享受初春的陽光外，也說了不少心裡話。回到研究室，法老王先是好整以暇地泡了壺茶，才慢慢翻看麒哥的作業。

「你在找這些關鍵字的時候，有沒有什麼想法？」法老王試性地問。

「嗯……」麒哥想了想，「因為搜尋結果都很多，所以光是要找出我覺得寫得很清楚又看得懂的，就已經很難了。你要我找的這些名詞也很有趣，譬如說，既然有『對稱式密碼系統』和『公開金鑰密碼系統』，那是不是也有『非對稱式密碼系統』和『不公開金鑰密碼系統』？看到後來我又覺得：如果加密這麼複雜，那解密的人想必更厲害，而且現在還是有很多盜刷盜用的案例，那麼到底該怎麼做，才能百分之百安全？」

「你說到了很重要的事，等一下我慢慢解釋給你聽。」法老王翻到其中一頁，「像『對稱式密碼系統』，的確有『非對稱式密碼系統』，差別在於『金鑰是不是同一把』。」

「是不是同一把？」麒哥重複法老王的話，但表情有些不太理解。

法老王起身，從一疊文件裡翻出一張紙，上面還有一個看起來很複雜、交叉來交叉去的圖。「這個呢，就是『費斯德爾網路加密結構』的圖。」

CHAT-ANGEL 費斯德爾網路加密結構

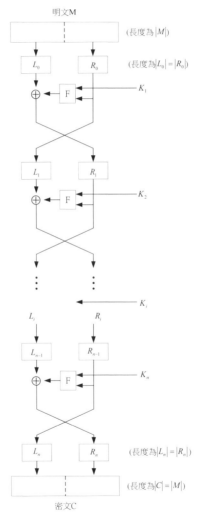

圖 4-1　費斯德爾網路加密結構

對稱式密碼系統

一九七〇年，霍斯特‧費斯德爾（Horst Feistel）提出費斯德爾加密架構，是種基於對稱式密碼的機制。從費斯德爾加密架構圖，可了解到加密第一回合開始以金鑰 K_1、K_2……、K_n 做 n 回合的加密，而解密則以金鑰反方向 K_n、K_{n-1}……至 K_1，由原回合順序的第一回合開始作 n 回合次數的解密處理，待處理完最後便是原始明文的輸出，即完成解密。

「呃……我其實看不懂……」麒哥努力想理解圖上的文字說明，但就是看不懂。

「我其實是故意的啦，哈哈。」法老王說。「就算看不懂說明，不過從這個圖上，你可以看出來它經過了好幾次加密手續；你剛剛也說，加密是很複雜的事，所以解密的人更厲害，就是因為這樣，所以很多加密機制都想辦法變得更複雜，讓有心人士沒辦法那麼快就解開。」

「原來如此。那麼這個『費斯德爾網路加密結構』到底是怎麼回事呢？」

「嗯……」法老王想了想，「我們先用簡單一點的方式來說吧。你幫機車上大鎖時，上鎖和開鎖用的是不是同一把鑰匙？」

「當然囉。應該沒有人上鎖用一把鑰匙，開鎖用另外一把吧？」麒哥很快回答。

「沒錯，這也就是『對稱式密碼系統』的概念；而如果上鎖和開鎖用的不是同一把鑰匙，那就是『非對稱式密碼系統』。至於『費斯德爾網路加密結構』，嗯……它其實跟蛋炒飯有點像。」法老王說。

「蛋炒飯？」麒哥一臉不可置信。

「沒錯。我們想像一下，如果白飯可以炒成蛋炒飯，而蛋炒飯也可以還原成白飯的話，那麼：白飯是我們想保密的東西，而炒飯的鏟子是加密或解密的金鑰，炒飯的過程是進行加密或解密，而最後炒好的蛋炒飯就是加密之後的結果。」

麒哥點點頭：「嗯，沒錯。」

「如果我們把鍋鏟分成兩支小鍋鏟，也把白飯分成兩堆，再用兩口鍋子來炒的話，那麼兩邊各炒一陣子，然後交換炒，炒完之後又交換炒……這樣交換幾次之後，蛋炒飯就可以炒得又鬆又好吃了。這就是加密和解密機制的設計過程。」法老王一邊解說，一邊加上動作輔助。

「然後呢？」

法老王又離開座位，在書櫃前站了一會兒，從滿滿的書堆裡抽出一本書，再翻到某一頁。

「這個原理實際應用在系統上，就成了這個。」法老王指指書頁。

「DES ？」

「DES 是『資料加密標準』的縮寫，是大概七〇年代末期開始廣泛流傳的加密機制，不過後來因為電腦科技發展太快，所以破解 DES 的機率也就跟著提高了。」

「所以現在不用 DES 了嗎？」麒哥又問。

「怎麼可能。」法老王喝了口茶，潤潤喉。「每一種密碼系統的開發都不是容易的事，隨便就放棄也未免太不划算了。後來專家把金鑰的長

度加長—就像把一般的鑰匙換成那種可伸縮的五段鎖鑰匙一樣。金鑰加長後，安全性就能提高；不過加密和解密的時間也會拉長。至於現在所用的，是把 DES 做三次加解密運算的『3-DES』。」

 CHAT-ANGEL DES（Data Encryption Standard）

3-DES（Triple-DES）

在典型／傳統的密碼系統中，只有合法的發送雙方知道加／解密金鑰，此種系統稱為對稱金鑰／祕密金鑰／單一金鑰密碼系統。目前有一個系統叫做 D-E-S 密碼系統。D-E-S 密碼系統是近四十年來最廣為應用的祕密金鑰密碼系統之一，其設計是出自美國 IBM 電腦公司所研發出的「Lucifer」（拉斯芙）系統，而研發者便是霍斯特‧費斯德爾，之後拉斯芙系統取得了美國國家標準局的採用，正名為資料加密標準（Data Encryption Standard，DES）。DES 是利用長度為 56 位元的金鑰來對長度為 64 位元的區塊做加密的演算法。但現在電腦硬體的技術快速成長，使得電腦運算、處理的速度變快，連帶使得 56 位元金鑰長度的 DES 編碼系統變得不安全。

3-DES 系統是 DES 系統更為安全的一種變形。它改善了 DES 金鑰長度不足的問題，但同時也衍生了另外的問題：加／解密的速度變慢了。3-DES 加／解密運算是進行三次運算，並且每一次所用的金鑰不一定相同，這就相當於使用了一個長度為 168 位元（56×3 = 168）的主金鑰作加密。

「那這個『3–DES』是目前最好的加密機制囉？」麒哥繼續追問。

「其實 DES / 3–DES 會用在中等安全性的資料加密，如果有更高的安全需求，就要用更高階的新一代密碼演算法，叫做『AES』；它的『ES』和『DES』的『ES』一樣，指的是『加密標準』；至於『A』，就是『advanced』，進階的意思。」法老王說著，翻到另一頁，把標題指給麒哥看。

CHAT-ANGEL　AES (Advanced Encryption Standard)

AES 開始於西元二〇〇〇年，它的起源首先得談到美國國家標準技術研究所 NIST，發起了一項新密碼系統的開發，目的是用來取代 DES 加密法的新一代編碼演算法，名為「進階加密標準」（Advanced Encryption Standard，AES），以滿足更高安全性的要求。同時，NIST 也提出了 AES 所應該要具備的標準如下：

(1) 更長的密鑰長度（例如：128、192 到 256 位元）。

(2) 更大的明文區塊容量（例如：128 位元）。

(3) 更久的安全服役期。

(4) 更廣的應用範圍。

(5) 更快的執行速度。

事實上在徵求的過程，入選了許多相當不錯的方法，不過最後還是只能挑選其中一個最符合這些標準的密碼系統。AES 的機制裡，金鑰的長度是有彈性的，有 128 / 192/ 256 位元等三種選擇。它的目的就是保護敏感性資料，且解決 DES 的金鑰長度過短的問題。

「那這個 AES 夠安全嗎？」

「嗯……」法老王想了想。「其實目前為止還沒有任何已知的攻擊方法可以有效破解 AES，所以我只能說它是『目前』對稱式密碼系統中最安全的。而且你知道嗎，」法老王隨手拿起桌上的藍芽耳機。「現在普遍使用的『藍芽通訊』，就是利用 128 位元的 AES 來幫資料加密的喔！」

「那『公開金鑰密碼系統』呢？如果金鑰是公開的，那要怎麼保護資料安全？」麒哥總算了解對稱式密碼系統的加密原理，迫不及待想知道另一種名字聽起來也很奇怪的加密系統。「而且我在查資料的時候，常常看到『非對稱式密碼系統』和『公開金鑰密碼系統』放在一起耶，它們是一樣的東西嗎？」

「沒錯，『非對稱式金鑰密碼系統』就是『公開金鑰密碼系統』。」

「那為什麼要叫『公開金鑰』呢？這不是很矛盾嗎？金鑰公開了還有什麼保密性可言？」

「公開金鑰密碼系統是個很有趣的系統，是因應網路快速發展而出現的。」法老王已料到麒哥有此一問。「在說明這個系統之前，你應該還記得我們是從『質數』開始的對吧？」

「是啊。你說過很多次，質數和密碼的關係很深，不過目前為止我還是不太懂為什麼很有關係。」

「對。但你應該也還記得最新的『梅森質數』有一千七百多萬位數字的事。質數越大，越難檢驗，也才能因此跟加密系統結合在一起。」法老王說著，順手在紙上畫了個公開金鑰密碼系統的圖示。

　　法老王指著圖示。「『公開金鑰密碼系統』的特別之處，在於『公開金鑰』在網路上是公開的─但是，『公開』並不表示誰都知道喔！公開金鑰密碼系統有兩把金鑰：一把是所有人都知道的公開金鑰，另一把是只有擁有者才知道的私密金鑰。」

　　「這種系統的安全性會比較高嗎？」

　　「和對稱性密碼系統比起來，這種非對稱性的系統其實更安全。因為只有擁有者才知道私密金鑰是什麼；你也知道，祕密一旦告訴別人，洩露出去的機會就很高。而且就算有人知道公開金鑰，只要不曉得私密金鑰，就一點用也沒有。把公開金鑰密碼系統想像成喇叭鎖，就更容易理解了。任何人只要按下鎖頭，就可以把門鎖上；但是要開鎖，就一定要找到對的鑰匙。」（注：鎖頭即是大家都可使用的公開金鑰，而秘密金鑰即僅喇叭鎖所安裝的主人能擁有。）

　　「原來如此。」

　　「要了解公開金鑰密碼系統，還需要知道『單向暗門函數』的概念；公開金鑰密碼系統就是建立在單向暗門函數上的。它的特色是單向運算非常容易，但是要逆推非常困難，在沒有解密金鑰的前提下，要破解密文幾乎是不可能的。」

　　「單向暗門函數？」麒哥皺了皺眉。「聽起來好難。」

　　「聽起來很難，才會顯得它好像很厲害嘛！」法老王開玩笑說。「所謂的『暗門』就是『密道』，沒有鑰匙就打不開。而質數的運用即可用在單向暗門函數的設計；『RSA 公開密碼系統』又是單向暗門函數的科技安全應用之一。」

CHAT-ANGEL　公開金鑰密碼系統

　　西元一九七六年，狄夫（Diffie）與海爾曼（Hellman）首先提出「公開金鑰密碼系統」的概念。這概念是建立在數學的單向函數（One-way Function）上。單向的意思就類似單行道，行進方向只能有一個，換言之不會有出現逆向行駛的可能。按照這個概念，單向函數在單向計算上是簡單又快速的。相反的，若是反向計算卻是繁雜困難。所以公開金鑰可以很大方地公開於網路上，而無需擔心被反向破解。

　　其實「單向函數」還有另一個名字：「單向暗門函數」（One-way Trapdoor Function），加密者本身掌握的祕密金鑰就是所謂的暗門，外人無法輕易得知暗門所在，唯有金鑰的擁有者，才知道暗門函數。

　　狄夫與海爾曼提出的「單向暗門函數」於當時僅是個構想，直到一九七八年，美國麻省理工學院李維斯特（Rivist）、薛米爾（Shamir）及艾德曼（Adleman）三位學者聯合提出「RSA 公開密碼系統」，才有具體表達形式的「單向暗門函數」。RSA 其命名是取三位提出人的姓氏的第一個字母合併而成。而 RSA 它的暗門函數是基於『對極大數作質因數分解的困難度』。

質因數分解

　　一般而言，計算任意兩個整數的乘積是很容易的。但是，若反向分解一個整數為質因數的乘積，卻是相對困難的。或許這樣的描述，會讓人無法理解質因數分解的困難，讓我們用淺顯的數字遊戲來導入這樣的概念。

【範例一】將 55 做質因數分解。

【說　明】我們可以很直觀地知道 $55 = 5 \times 11$。

【範例二】將 1001 做質因數分解。

【說　明】$1001 = 1000 + 1$
$$= 10^3 + 1^3$$
$$= (10 + 1) \times (100 - 10 + 1)$$
$$= 11 \times 91$$
$$= 11 \times 7 \times 13 \text{。}$$

　　　　注：因數分解過程利用公式：$x^3 + y^3 = (x + y)(x^2 - xy + y^2)$。

【範例三】將 99999 做質因數分解。

【說　明】到範例三時我們發現數字愈大，要做質因數分解愈困難。似乎並無可利用的因數分解公式來輔助。只能用土法煉鋼方式，找出 99999 以下的質數，再從這些質數中一一去找尋可能的因數，最終我們找出 $99999 = 3 \times 3 \times 41 \times 271$。

　　由上面這三個範例，我們可以發現隨著數字越大，質因數分解所需時間越長、困難度越高。若是數字大到某種程度，找出質因數的時間也會更為漫長。

　　RSA 系統的安全性就是建構在質因數分解的困難上。李維斯特、薛米爾及艾德曼三位學者當時提出以 129 位數的自然數做質因數分解，並預估約需一千年才能解開以 129 位數加密的訊息。雖然發現後來利用一千六百部電腦，歷經十七年解密，無須原先預估的一千年時間，但仍可見其解密的困難度（其質因數分解可參見下面的「RSA–129 質因數分解」表）。

表 4-1　RSA-129 質因數分解

RSA-129 自然數	質因數	
11438162575788886766923577997614 66120102182967212423625625618429 35706935245733897830597123563958 7050589890751475992900268795435 4	3490529510847650 9491478496199038 9813341776463849 3387843990820577	3276913299326670 9549961988190834 4614131776429679 9294253979828853 3

　　增加自然數的位數時，質因數分解的時間自然也相對增加，另外，數學家們已經成功挑戰 RSA-768（注：768 位元），在二〇〇九年十二月十二日成功將 232 位數（注：768 位元對應 232 十進制的位數）的合數分解成二個大質因數（可參見下面的「RSA-768 質因數分解」表），雖如此，但仍是需要多年的時間。

表 4-2　RSA-768 質因數分解

RSA-768 自然數	質因數	
12301866845301177551304949583849 62720772853569595334792197322452 15172640050726365751874520219978 64693899564749427740638459251925 57326303453731548268507917026122 14291346167042921431160222124047 92747377940806653514195974598569 02143413	3347807169895689 8786044169848212 6908177047949837 1376856891243138 8982883793878002 2876147116525317 4308773781446799 9489	3674604366679959 0428244633799627 9526322791581643 4308764267603228 3815739666511279 2333734171433968 1027009279873630 8917

　　「哈，看到滿滿的數字，我突然有點頭暈。」雖然法老王的說明很容易理解，不過看到這麼多自己不擅長的算式和數字，麒哥還是覺得有些害怕。

「別怕別怕，這些數字不會咬你啦。」法老王腦子裡盤算著該怎麼解說才會更簡單清楚。「你還記得『中國剩餘定理』和『韓信點兵』吧？」

「當然記得。」麒哥對自己的記憶力很是自豪。

「那些『三個一數』『五個一數』『七個一數』之類的，我們可以用『模數』來稱呼它們。」

「魔術？魔術師的『魔術』？」

「唉呀，不是啦，是『模型』的『模』，『數字』的『數』，英文簡稱『mod』，不過跟電視的那個 MOD 一點關係也沒有。」法老王邊說，邊在紙上寫下「模數」的中英文。「所謂的『模數』就是『把數字用除法運算，再得到餘數』的概念。舉例來說，如果三個一數，餘數是二，就可以寫成『○ mod 3 = 2』，以此類推（注：○ 這個符號表是被除數）。

「所以如果是五個一數，餘數是三⋯⋯」麒哥也拿起筆。「就可以寫成『○ mod 5 = 3』囉！」

「沒錯，就是這樣！」法老王彈了彈手指，「有了這個概念，我們再來看一些例子，就會比較容易了解 RSA 是怎麼回事。」

說完，法老王又走到書櫃前東翻西找，最後抽出一本書，翻開書裡的幾個練習題。

CHAT-ANGEL 模數運算練習

【範例四】加法，$(x + y) \bmod n$。

【說　明】假設 $x = 8$，$y = 9$，$n = 5$。

$(x + y) \bmod n$

$=> (8 + 9) \bmod 5$

$=> 17 \bmod 5$

$=> 17 \div 5 = 3$ 餘 2

$=> 17 \bmod 5 = 2$。

在模數為 5 的前提下，$x + y$ 的所有情形表示如表 4-3 所示。

表 4-3　$(x + y) \bmod n$，$n = 5$

x \ y	0	1	2	3	4
0	0	1	2	3	4
1	1	2	3	4	0
2	2	3	4	0	1
3	3	4	0	1	2
4	4	0	1	2	3

【範例五】減法，$(x-y) \bmod n$。

【說　明】假設 $x = 8$，$y = 9$，$n = 5$

$$(x-y) \bmod n$$

$=> 8 - 9 \bmod 5$

$=> (-1) \bmod 5$

$=> (-1) \div 5$ 取餘數

$= -(1 \div 5$ 取餘數 $)$

$= -(1)$

$=$ 餘數 4（即 $-1 +$ 除數 5）

$=> -1 \bmod 5 = 4$。

在模數為 5 的前提下，$x-y$ 的所有情形表示如表 4-4 所示。

表 4-4　$(x-y) \bmod n$，$n = 5$

x＼y	0	1	2	3	4
0	0	4	3	2	1
1	1	0	4	3	2
2	2	1	0	4	3
3	3	2	1	0	4
4	4	3	2	1	0

【範例六】乘法，$(x \times y) \bmod n$。

【說　明】假設 $x = 8$，$y = 9$，$n = 5$

$(x \times y) \bmod n$

$=> 8 \times 9 \bmod 5$

$=> 72 \div 5 = 14$ 餘 2

$=> 72 \bmod 5 = 2$。

在模數為 5 的前提下，$x \times y$ 的所有情形表示如表 4-5 所示。

表 4-5　$(x \times y) \bmod n$，$n = 5$

x \ y	0	1	2	3	4
0	0	0	0	0	0
1	0	1	2	3	4
2	0	2	4	1	3
3	0	3	1	4	2
4	0	4	3	2	1

　　法老王接著在白板寫下一些數字：

1. $p=3$，$q=11$，$n = p \times q = 33$。

2. $e=3$，$d=7$。$e \times d \bmod 20 = 1$。

3. 訊息 M：

　　$M_1 = $「$U$」$= $ 數字 **21**，

$M_2 =$「S」$=$ 數字 19，

$M_3 =$「A」$=$ 數字 01。

M（明文）	$M^e = M^3$	$C = M^e \bmod n$ $= M^3 \bmod 33$（密文）
「U」: 21	9261	21
「S」: 19	6859	28
「A」: 01	01	01

C（密文）	$C^d = C^7$	$M = C^d \bmod n$ $= C^7 \bmod 33$
21	1801088541	21
28	13492928512	19
01	01	01

　　法老王詳細解釋運算過程，讓麒哥有種大開眼界的感覺。「沒想到幾個步驟就可以完成加密和解密，而且還真的可以用不同的金鑰來完成呢！」他說。

　　「沒錯！像我們平常在使用的電子信箱，或是網購刷卡時，使用的都是『https』開頭的網址，這就是對網路資料傳送安全性的一種保護，而且也是 RSA 的應用喔！」說完，法老王伸了伸懶腰，「休息一下吧，我講到口水都快乾了。早上有學生給我幾塊蛋糕，我們換換口味，喝個下午茶吧！」

麒哥筆記 來看看你累積了多少功力！

- 對稱式金鑰密碼系統：加密與解密為同一把鑰匙。

  - DES/3-DES（Data Encryption Standards/Triple-DES）：

    1. 只有合法的發送雙方知道加密與解密金鑰。

    2. DES 的加密金鑰長度為 56 位元，隨著電腦技術的發展變得不安全。

    3. 為了解決 DES 的安全性問題，科學家發展出 3-DES，即是做三次 DES 加解密運算，每一次運算的金鑰不一定相同。

    4. 3-DES 提高了安全性，但是加密與解密的時間變得較長。

    5. DES 與 3-DES 只適用在中度安全性資料的加密上。

  - AES（Advanced Encryption Standard）

    1. 擁有更長的金鑰長度，適用在高度安全性資料的加密上。

    2. 有三種金鑰長度（128/192/256 位元）可供彈性選擇。

    3. 應用的範圍更廣，執行的速度更快。

- 非對稱式金鑰密碼系統（公開金鑰密碼系統）：加密與解密為兩把不同鑰匙，公開在網路上的金鑰是「加密金鑰」；而另一把私密的「解密金鑰」則由金鑰擁有者保存而不公開。

  - RSA

    1. 公開金鑰密碼系統的具體展現。

    2. 以對「對極大數作質因數分解的困難度」為暗門函數。

    3. 運用「質因數分解」、「模數運算」與「歐拉函數」（注：見本章附錄）概念。

【附錄】

一、歐拉函數

歐拉函數（Euler Totient Function）指的是 1 到 n 的自然數中，和 n 互質的整數個數。歐拉函數來自於歐拉定理，表示式如下：

$$a^{\varphi(n)} \bmod n = 1$$

式子的 $\varphi(n)$ 稱為歐拉函數。現在我們來導出歐拉函數，若我們欲找出小於 n 且與 n 互質的整數個數，可以將 n 的整數個數減去不和 n 互質的個數，所得到的個數即為歐拉函數，方法如下：

【方法】

1. 令 $n = p \times q$，其中 p 與 q 為質數。

2. 因 p 為質數，不與 n 互質的正整數，即是 p 的倍數，p、$2 \times p$、$3 \times p$、$\cdots$、$q \times p$，共有 q 個。例如：$n = 15 = p \times q = 3 \times 5$，不與 $n(n = 15)$ 互質的整數且是 $p = 3$ 的倍數有 $\{3,6,9,12,15\}$，共 5 個。

3. 因 q 為質數，不與 n 互質的正整數，即是 q 的倍數，q、$2 \times q$、$3 \times q$、$\cdots$、$p \times q$，共有 p 個。例如：$n = 15 = p \times q = 3 \times 5$，不與 $n(n = 15)$ 互質的整數且是 $q = 5$ 的倍數有 $\{5,10,15\}$，共 3 個。

4. p 的倍數有 $\{p$、$2 \times p$、$3 \times p$、$\cdots$、$q \times p\}$，q 的倍數有 $\{q$、$2 \times q$、$3 \times q$、$\cdots$、$p \times q\}$，二者有一數 $q \times p = p \times q$ 相同。

5. $\varphi(n)$ 個數等於 n 減去不與 n 互質的個數，即 $\varphi(n) = n - p - q + 1$，其中 $n = p \times q$。故 $\varphi(n) = pq - p - q + 1 = (p-1)(q-1)$。

二、RSA 的加解密

瞭解質因數分解、模數運算及歐拉函數在 RSA 系統中的應用後，現在來解開 RSA 的神秘面紗，端詳 RSA 的加解密方法。並以實例示範加解密過程，瞭解 RSA 裡公開的金鑰是什麼，秘密的金鑰又是什麼，到底破解金鑰的困難點在哪。

（一）RSA 加解密

假設 C 為密文，M 為明文。e，n 為公開金鑰且 $n = p \times q$，p 和 q 為質數，d 為秘密金鑰，其中 $M < n$。RSA 加解密公式如下：

加密：$C = M^e \bmod n$。

明文 M 經過公開金鑰 (e, n) 加密後，形成密文 C。

解密：$M = C^d \bmod n$。

密文 C 經過秘密金鑰 d 解密後，還原明文 M。

（二）RSA 的運作原理

1. 二個大質數 p 和 q，$n = p \times q$。

2. 計算歐拉函數 $\varphi(n) = (p-1)(q-1)$。其中，歐拉函數 $\varphi(n)$ 是 1 到 n 的自然數集合中比 n 小且與 n 互質的正整數個數。

3. 計算二個正整數值 e 與 d，使得滿足數學關係式：$e \times d \bmod \varphi(n) = 1$，$e$ 為加密金鑰，d 為解密金鑰。

   $\because e \times d \bmod \varphi(n) = 1$

   $\therefore e \times d - 1 = t \times \varphi(n)$

$$=> e \times d = t \times \varphi(n) + 1$$

$$=> M^{ed} = M^{t \times \varphi(n)+1}$$

$$=> M^{ed} \bmod n = M^{t \times \varphi(n)+1} \bmod n$$

$$= M \times M^{t \times \varphi(n)} \bmod n$$

$$= M \times (M^{\varphi(n)} \bmod n)^t \text{。}$$

$\because$ 歐拉定理：$a^{\varphi(n)} \bmod n = 1$

$\therefore M^{\varphi(n)} \bmod n = 1$

$\therefore M^{ed} \bmod n = M \times (1)^t \bmod n$

$$= M \bmod n$$

$$= M \text{（}\because M<n\text{）。}$$

$=>$ 密文 $C = M^{ed} \bmod n$ 會被解密為原明文 M。

Q.E.D.

上述的證明過程可能充滿了數學，但其實重要的是，能夠明瞭密文能被還原為原來明文及相關金鑰產生的概念。

（三）瞭解 RSA 金鑰產生方法後，依照產生步驟，找出質數 *p* 和 *q*，並實際產生「公開金鑰」與「秘密金鑰」。

1. 二個大質數 *p* 和 *q*，為方便計算，故取較小質數 $p = 7$，$q = 11$，則 $n = p \times q = 7 \times 11 = 77$。

2. 計算歐拉函數 $\varphi(n) = (p-1)(q-1)$。

$$\varphi(n) = (7-1)(11-1)$$

$$= 6 \times 10$$

$$= 60 \text{。}$$

3. 計算二個整數值 c 和 d，使得滿足數學關係式：

$$e \times d \bmod \varphi(n) = 1$$
$$=> e \times d = t \times \varphi(n) + 1$$
$$=> d = \frac{t \times \varphi(n) + 1}{e}$$

若 $e = 23$，$d = \dfrac{t \times \varphi(n) + 1}{23} = \dfrac{t \times 60 + 1}{23}$。找尋 t 使得 d

為正整數，故當 $t = 18$，$d = 47$ 即為所求。

為了密碼系統的安全性，加密和解密金鑰避免相同 $(e \neq d)$，且加密金鑰 e 儘量選擇較大的數，故選擇公開金鑰 $(n, e) = (77, 23)$ 與秘密金鑰 $d = 47$。

三、RSA 操作

　　已知加解密金鑰後，我們找一串明文做加密，再將其還原。借由 RSA 密碼加解密的詳細操作過程，能加深印象，徹底瞭解 RSA 的運作。

【加密】

1. 設定一串明文：「NO PAIN NO GAIN」。

2. 參考表 4-6 將明文依 ASCII 碼轉換為整數，轉換的整數如表 4-7 所示。

表 4-6　明文號碼對照

明文	A	B	C	D	E	F	G	H	I	J
對照碼	65	66	67	68	69	70	71	72	73	74
明文	K	L	M	N	O	P	Q	R	S	T
對照碼	75	76	77	78	79	80	81	82	83	84
明文	U	V	W	X	Y	Z				
對照碼	85	86	87	88	89	90				

表 4-7　明文轉換後的整數

N	O	P	A	I	N	N	O	G	A	I	N
78	79	80	65	73	78	78	79	71	65	73	78

3. 將表 4-7 轉換為 2 進位，如表 4-8 所示。

表 4-8　明文轉換後二進位的整數

明文	N	O	P	A	I	N
轉換後整數	78	79	80	65	73	78
二進位	1001110	1001111	1010000	1000001	1001001	1001110
明文	N	O	G	A	I	N
轉換後整數	78	79	71	65	73	78
二進位	1001110	1001111	1000111	1000001	1001001	1001110

4. 將 2 進位資料以 $(n-1)$ 以下的非負整數以 6 位為一區塊，而二進位的 6 位元可表示的最大值為 63 (2^6-1)。在 $n-1=77-1=76$ 以下，以 6 位元為 1 區塊，若不足 6 位元時則補 0，如表 5-9 所示。

表 4-9　二進位整數以 6 位元為一區塊

100111 010011 111010 000100 000110 010011 001110 100111 010011						
111000 111100 000110 010011 001110						
以 6 位元為 1 區塊						
100111	010011	111010	000100	000110	010011	001110
100111	010011	111000	111100	000110	010011	001110

5. 將各區塊位元轉換為十進位，如表 4-10 所示。

表 4-10　二進位整數轉換十進位整數

100111	010011	111010	000100	000110	010011	001110
39	19	58	4	6	19	14
100111	010011	111000	111100	000110	010011	001110
39	19	56	60	6	19	14

6. 利用加密金鑰 $(n = 77，e = 23)$ 代入公式：$C = M^e \bmod n$ 進行各個區塊的加密可得到：

$C = 39^{23} \bmod 77，19^{23} \bmod 77，58^{23} \bmod 77，4^{23} \bmod 77，$
$\quad 6^{23} \bmod 77，14^{23} \bmod 77，56^{23} \bmod 77，60^{23} \bmod 77。$

以 $C = 39^{23} \bmod 77$ 為例，計算如下：

$$39^{23} = (39^2)^{11} \times 39 \bmod 77$$
$$= (58^{11}) \times 39 \bmod 77（\because 39^2 \bmod 77 = 58）$$
$$= (58^2)^5 \times 58 \times 39 \bmod 77$$
$$= (53^5) \times 58 \times 39 \bmod 77（\because 58^2 \bmod 77 = 53）$$

$$= (53^2)^2 \times 53 \times 58 \times 39 \bmod 77$$

$$= 37^2 \times 53 \times 58 \times 39 \bmod 77 \;(\because 53^2 \bmod 77 = 37)$$

$$= 37^2 \times 53 \times 58 \times 39 \bmod 77$$

$$= 60 \times 53 \times 58 \times 39 \bmod 77 \;(\because 37^2 \bmod 77 = 60)$$

$$= 51 \text{。}$$

其餘區塊的計算結果如下：

$19^{23} \bmod 77 = 17$，$58^{23} \bmod 77 = 60$，$4^{23} \bmod 77 = 9$，

$6^{23} \bmod 77 = 62$，$14^{23} \bmod 77 = 49$，$56^{23} \bmod 77 = 56$，

$60^{23} \bmod 77 = 37$。

將上述結果依 ASCII 碼轉換為字元，如表 4-11 所示：

表 4-11　依 ASCII 碼轉換為字元

明文	39	19	58	4	6	19	14
密文	51	17	60	9	62	17	49
字元	3	◄	=		>	◄	1
明文	39	19	56	60	6	19	14
密文	51	17	56	37	62	17	49
字元	3	◄	8	%	>	◄	1

【解密】

當對方利用公開金鑰將加密訊息傳給自己後，相對應的解密金鑰即可派上用場。我們已知密文訊息且將其轉換為十進位，利用解密金鑰 $(d = 47)$ 進行還原動作。

1. 解密公式：$M = C^d \bmod n$，以密文 $C = 9$ 為例，令解密金鑰 $d = 47$ 及 $n = 77$，故可得到明文 $M = 4$。

$M = 9^{47} \bmod 77$

$\quad = (9^2)^{23} \times 9 \bmod 77$

$\quad = (4^{23}) \times 9 \bmod 77$（$\because 9^2 \bmod 77 = 4$）

$\quad = (4^2)^{11} \times 4 \times 9 \bmod 77$

$\quad = 16^{11} \times 4 \times 9 \bmod 77$（$\because 4^2 \bmod 77 = 16$）

$\quad = (16^2)^5 \times 16 \times 4 \times 9 \bmod 77$

$\quad = (25^5) \times 16 \times 4 \times 9 \bmod 77$（$\because 16^2 \bmod 77 = 25$）

$\quad = (25^2)^2 \times 25 \times 16 \times 4 \times 9 \bmod 77$

$\quad = (9^2) \times 25 \times 16 \times 4 \times 9 \bmod 77$（$\because 25^2 \bmod 77 = 9$）

$\quad = 4 \times 25 \times 16 \times 4 \times 9 \bmod 77$

$\quad = 16^2 \times 25 \times 9 \bmod 77$

$\quad = 25 \times 25 \times 9 \bmod 77$

$\quad = 25^2 \times 9 \bmod 77$

$\quad = 9 \times 9 \bmod 77$

$\quad = 4 。$

其他密文以上述相同方法計算可得結果如下：

$51^{47} \bmod 77 = 39$，$17^{47} \bmod 77 = 19$，$60^{47} \bmod 77 = 58$，$62^{47} \bmod 77 = 6$，$49^{47} \bmod 77 = 14$，$56^{47} \bmod 77 = 56$，$37^{47} \bmod 77 = 60$。

2. 將十進位明文轉換為二進位結果如表 4-12 所示：

表 4-12 十進位明文轉換為二進位

十進位	39	19	58	4	6	19	14
二進位	100111	010011	111010	000100	000110	010011	001110
十進位	39	19	56	60	6	19	14
二進位	100111	010011	111000	111100	000110	010011	001110

3. 將表 4-12 以每 7 位元為一區塊重新排列，結果如表 4-13 所示：

表 4-13 二進位整數以 7 位元為一區塊

1001110 1001111 1010000 1000001 1001001 1001110 1001110
1001111 1000111 1000001 1001001 1001110

以 7 位元為 1 區塊					
二進位	1001110	1001111	1010000	1000001	1001001	1001110
十進位	78	79	80	65	73	78
二進位	1001110	1001111	1000111	1000001	1001001	1001110
十進位	78	79	71	65	73	78

4. 將表 4-13 十進位數值參考 ASCII 表，還原為字元可得明文，「**NO PAIN NO GAIN**」。如表 4-14 所示：

表 4-14 依 ASCII 表轉換為字元

密文	78	79	80	65	73	78
ASCII/ 明文	N	O	P	A	I	N
密文	78	79	71	65	73	78
ASCII/ 明文	N	O	G	A	I	N

第五章

金鑰也能這樣飛舞

本章摘要

在法老王講解後，麒哥對公開金鑰密碼系統及對稱式密碼系統有了基本的認識與了解。忽然，麒哥想到一個有趣的問題：「是否公開金鑰密碼系統就萬無一事了呢？」。麒哥的疑問，法老王早在意料之中，實際上，公開金鑰密碼系統與對稱式密碼系統各有其優缺點，若是將兩者結合使用則能發揮更大的效率。而為了確保傳送中訊息的正確性及完整性，往往還會結合 HASH 函數。而公開金鑰密碼在網路上的應用即為數位簽章，數位簽章的效果就套似於生活中的「簽名」，由於數位簽章具有「完整性」、「鑑別性」及「不可否認性」等特性，使發送者與接收者雙方能彼此信任，而在日常生活中更是有機會用到「雙重簽章」呢！但要小心的是不法的攻擊者會利用「中間人攻擊」，將自己的公開金鑰偽裝為合法收信者的公鑰，為了解決這類問題，「憑證」及「公開金鑰基礎建設」因運而生。法老王生動而活潑的講解，解決了麒哥好奇已久的問題，令麒哥佩服不已，並打算日後帶阿智來向法老王多方請教呢！

法老王解惑

這一章有什麼內容呢？

1. 混合公開金鑰密碼系統與對稱式密碼系統

2. HASH 函數

3. HASH 函數檢查訊息「正確性」與「完整性」

4. 數位簽章

5. 數位簽章的特性

6. 雙重簽章

7. 中間人攻擊

8. 憑證

9. 公開金鑰基礎建設

法 老王拿出蛋糕，還沖了兩杯咖啡，整個研究室瞬間瀰漫咖啡香氣。「換換口味。這咖啡豆是學生推薦的，我還滿喜歡的，你也喝喝看！」

麒哥拿起杯子，小心地喝了一口。「哇，好香！現磨現沖的咖啡就是不一樣。」

「不錯吧。」法老王挑挑眉，「聽到現在還 OK 嗎？如果有需要我再說明的，不要客氣喔。」

「我怎麼可能跟你客氣。」麒哥嘿嘿笑了兩聲。「關於剛剛你講的那個『公開金鑰密碼系統』，難道它就這麼萬無一失嗎？」

「沒有什麼東西是只有優點、沒有缺點的，公開金鑰密碼系統當然也不例外。它雖然安全性很高，不過因為金鑰分成兩把，所以相較之下，它的加密和解密速度就沒有那麼快；如果跟 DES 比，速度可是比 DES 慢了接近一千倍喔！所以在應用上，我們常常取兩者的優點，截長補短，把 DES 加／解密較快的特性和公開金鑰密碼系統的方便性結合在一起，做成混合系統。」

法老王在紙上畫了個示意圖，說明如何把兩種系統混合在一起。

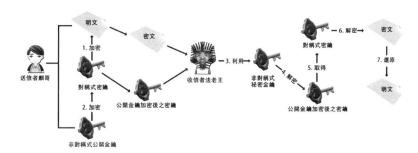

圖 5-1　混合公開金鑰密碼系統與對稱式密碼系統

法老王接著說明：「送信者麒哥是傳送方，收信者法老王是接收方。明文的檔案內容利用送信者麒哥的『對稱式密碼系統』的金鑰加密，這就是利用對稱式密鑰加密速度快的優點，也就是可以快速把明文轉換成密文。接著再用收信者法老王的公開金鑰，把對稱式密碼系統裡的金鑰加密，這是透過『公開金鑰密碼系統』的公開金鑰在管理上容易取得的優點。」

「我懂了！這樣一來，只有收信者法老王才能解密這個金鑰。送信者麒哥把密文和加密後的金鑰傳送給收信者法老王，法老王接收後，先利用『公開金鑰密碼系統』的另一把祕密金鑰，把加密的金鑰解密，取得真正的金鑰。接下來用真正的金鑰解密所有密文，成功傳遞了祕密訊息！」麒哥說。「看起來雖然好像比較複雜，但其實是取兩者的優點，效果反而更好。」

「沒錯。我們可以再進一步想想看：假設我們現在在乎的不是訊息是否公開，而是真假，也就是有沒有遭到偽造或竄改的可能性，那麼該怎麼保護這些訊息？」

「嗯……公開金鑰密碼系統沒辦法做到這一點嗎？」麒哥很直覺地反問。

「可以。公開金鑰密碼系統的發展，對於防止訊息遭到竄改或偽造也有很大的貢獻。事實上，這些密碼系統也都有保護訊息正確性與完整性的功能。不過我們還是可以用其他的工具來檢查訊息有沒有被別人掉包或變造。」法老王翻出平常上課用的講義。「『雜湊函數』，或是直接用英文『HASH 函數』就是常用的一種工具。」

CHAT-ANGEL HASH 函數

HASH 函數的功能,是將各種大小長度的訊息,經由 HASH 函數的運算之後得到一組固定長度的短訊息,通常稱為「DIGEST」(摘要)

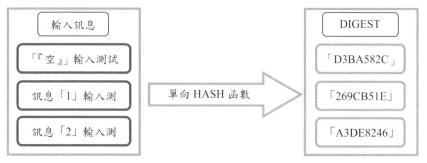

圖 5-2 HASH 函數的單向性、抗碰撞、擴張性

從上圖我們可以了解 HASH 函數所具有的三種特殊性質,分別是:「單向性」「抗碰撞」及「擴張性」。

「單向性」:指的是只能得到右邊的輸出結果,但是無法反推回去,如同汽機車單行道一樣,所以叫單向。

「抗碰撞」:指的是不同的字有不同的對應輸出結果,不會出現不同的文字卻有相同對應輸出的情形。

「擴張性」:指的是即使只是一些微小的文字變化,也會得到差異極大的輸出結果。

由圖中的第二項訊息至第四項訊息,我們可以發現,儘管輸入的內容僅僅為「空 / null」「1」「2」等訊息上的差異,但經由 HASH 函數所產生的摘要,可以明顯地看出兩者的摘要有相當大的差異。

「『單向性』『抗碰撞』和『擴張性』的說明我大概都看得懂；也知道不管輸入什麼訊息，產生的摘要長度都是一樣的。不過這樣要怎麼檢查訊息的正確性和完整性呢？」麒哥問。

「說到這個，我再畫個圖給你看。」說完，法老王又開始在紙上唰唰唰地畫起圖。

CHAT-ANGEL HASH 函數檢查訊息「正確性」與「完整性」

送信者麒哥可以將龐大的訊息使用 HASH 函數，來產生訊息的摘要資訊，再將摘要資訊連同原始訊息一併傳送給收信者法老王。

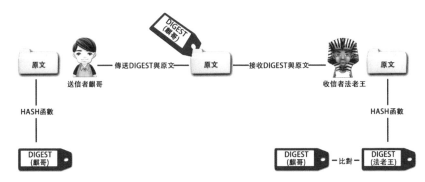

圖 5-3 利用 HASH 函數檢查訊息「正確性」與「完整性」

收信者法老王將收到的訊息，利用 HASH 函數取得訊息的摘要後，再將送信者麒哥的摘要與法老王的摘要比對。如果比對後不相同，則訊息在傳送的中途可能遭到竄改，或是訊息傳送錯誤。如果相同，則可以認為收到的訊息並未傳送錯誤或遭竄改，如此則能達到檢查訊息「正確性」與「完整性」的目的。

麒哥又問：「那 HASH 函數和公開金鑰密碼系統有什麼關係嗎？」

「了解 HASH 函數的基本原理後，就可以把它跟公開金鑰密碼系統結合。比如說，」法老王思考著適合的例子。「臉書帳號被盜或信用卡被盜刷之類的事，你應該都有聽過吧？」

「當然。所以我一直不是很敢在網路上刷卡買東西，很怕一個不小心，詐騙集團就找上門了。」

「但是只要利用公開金鑰密碼系統，就可以解決這些事情。公開金鑰密碼系統有另一個重要的功能，叫做『數位簽章』，可以用來辨識資料和身分的真實性。」法老王說。

「數位簽章？類似我們簽合約時要簽名蓋章一樣的概念嗎？」說到「簽章」，麒哥很自然想到簽約，畢竟開店做生意最熟悉的，就是和各往來廠商簽訂合約。

「的確很像。大家通常會覺得網路交易不太令人安心。從買家的角度來說，在沒看到實際商品的情況下，光靠幾張照片，不知道商品品質是不是夠好，甚至怕賣家根本就是詐騙集團；從賣家的角度來說，萬一買家收到貨品後不認帳、不肯付款的話，這樣就虧大了。」法老王說完，叉起盤子裡的蛋糕，一口吃掉。

「可是網路上誰也看不到誰，又不能真的簽合約。」麒哥想像在虛擬世界「簽約」的樣子，但怎麼想都覺得很怪異。

「我們剛剛不是提到公開金鑰密碼系統嗎？私密金鑰—也就是『私鑰』，是獨一無二的，就和簽名一樣；那麼如果用私鑰簽名，再用公鑰驗證，就可以達到簽名和驗證身分的要求了。」

「所以也可以像平常簽約那樣，簽了就不能反悔？」

「沒錯。數位簽章有三種特性：完整性、鑑定性和不可否認性。『完整性』指的是保證文件內容沒有變造，而『鑑定性』是指可以確認簽署者的真實身分；至於一旦簽了就不能反悔，就是所謂的『不可否認性』。」

「哇，真的跟一般簽約很像呢。」麒哥沒想到密碼系統也可以做到這些事。「但是要怎麼做啊？」

「這個就要用到剛剛說的『HASH 函數』了。」法老王再次翻開上課的講義。

CHAT-ANGEL 數位簽章的過程

藉由 HASH 函數所產生的摘要資訊與數位簽章的結合，送信者麒哥將原文經過 HASH 函數計算後，得到摘要資訊。接著，麒哥再使用私密金鑰將摘要加密，此一步驟則完成簽章動作。麒哥連同原文與簽章後的摘要一併傳送給收信者法老王。

法老王接收後，為驗證原文是否遭受到竄改，及確定資訊是否由送信者麒哥所傳送，必須先利用麒哥的公開金鑰將簽章解密，獲取麒哥的摘要資訊。法老王再將收到的原文輸入同一 HASH 函數計算，獲取另一份摘要後，再進行比對工作，驗證兩份摘要是否相同。如此一來，即可同時判斷原文是否經過竄改，與確定訊息由送信者麒哥所傳送，達成「資料完整」「身分鑑定」「不可否認」的多重目的。

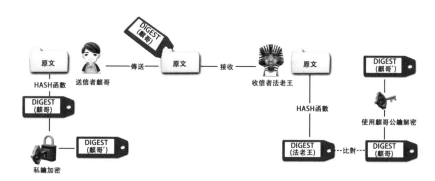

圖 5-4　數位簽章

「所以說，我們利用 HASH 函數的特性達到『完整性』的要求，用數位簽章來達到『鑑定性』和『不可否認性』的要求？」麒哥想了想，試著自己歸納結果。

「完全正確！」法老王讚許地說：「我還怕你會覺得太難呢，沒想到你還真會抓重點。」

「老師這麼好，學生自然不會差到哪裡去。」麒哥順手拍了個馬屁。「不過我也不否認我天資聰穎啦。」

「最好是這樣！」法老王被逗笑了，忍不住又虧了麒哥一句。

「言歸正傳。那這個『數位簽章』可不可以發展成一對多的系統？比如說，我常常會跟很多廠商往來，所以我有一顆簽約專用的印章，這樣比較省事。」

「當然可以。就像你說的，我們可能同時會和很多人往來，甚至這些人彼此也有關係，這時候就可以執行雙重或多重簽章。我們用個比較

常見的例子來說⋯⋯」法老王又開始畫圖。「假設小雄和小婷是同事，某天小雄要請假，所以要找小婷當他的職務代理人，而且還要跟老闆請假。但是老闆還需要知道誰是小雄的代理人，而小婷也需要小雄跟老闆說自己就是小雄的代理人。」

「所以小雄只要同時發出『請假』和『小婷是代理人』的訊息給另外兩個人就可以了？」

「沒錯。小雄發信時，同時利用 HASH 函數對這兩件訊息產生摘要，然後對摘要做數位簽章後，再傳送出去；當小婷和老闆收到小雄的數位簽章後，再利用小雄的公開金鑰，鑑定這封訊息是不是真的由小雄發出的。但是⋯⋯」法老王把「小婷」和「老闆」圈了起來。「小婷和老闆兩個人要怎麼彼此確認呢？這時候就是『雙重簽章』出場的時候了，這樣一來，小雄就可以分別通知小婷和老闆，完成請假手續。」

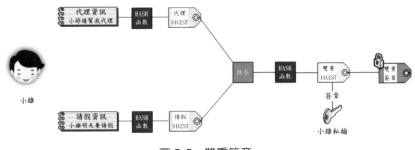

圖 5-5　雙重簽章

「你看，小雄分別將兩份訊息執行 HASH 函數，運算出摘要資訊，接著小雄把兩份摘要資訊綁在一起，再把這份結合的摘要資訊執行 HASH 函數運算，得到雙重摘要，這時候小雄就可以對這份雙重摘要資訊進行簽章，完成『雙重簽章』。」

麒哥看了圖。「那接下來呢？」麒哥問。

「接下來，小雄就可以利用這份『雙重簽章』分別通知老闆和小婷，順利完成請假手續，細節的部分你看下面這張圖。」法老王說。

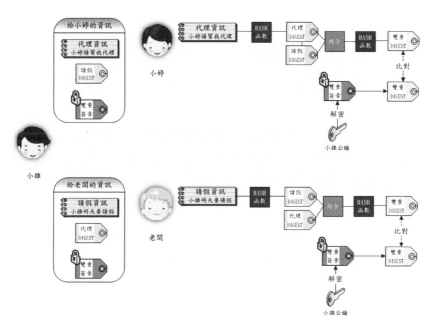

圖 5-6　老闆與小婷的雙重簽章

麒哥試著分析：「小雄把『雙重簽章』、請假資訊與請小婷代理的摘要資訊，傳送給老闆。老闆接收這份訊息，利用小雄的公鑰將『雙重簽章』解密，取得雙重的摘要資訊。所以……老闆現在會有三項訊息，分別是解密後的雙重的摘要資訊、請假資訊與小婷代理的摘要資訊，對吧？」

　　法老王回答：「沒錯！而依驗證的步驟，老闆要先將請假資訊輸入 HASH 函數計算出摘要資訊，並且結合請小婷代理的摘要資訊，再輸入 HASH 函數，得到另一份雙重摘要資訊。最後，將解密後得到的雙重摘要資訊，與老闆自行輸 HASH 函數的雙重的摘要資訊，進行雙重摘要資訊比對，就可確認資訊的完整性及正確性。老闆看到請假資訊及代理的資訊摘要，可以推知小雄確實尋找了代理人。」

　　「那我來看看圖下面的第二部分。小雄也將『雙重簽章』、請求代理資訊、請假摘要資訊傳送給小婷。跟上面第一部分步驟相同，小婷使用小雄的公鑰解密『雙重簽章』，取得雙重摘要資訊後，將請求代理資訊輸 HASH 函數，取得請求代理摘要資訊。接著，把請假資訊摘要與代理摘要資訊相結合，得到另一份雙重摘要資訊。最後將兩份雙重摘要資訊進行比對，也一樣可以確認資訊的完整性和正確性。而小婷看到代理資訊及請假資訊的摘要，可以推知小雄已經告知老闆。公開金鑰密碼系統再加上數位簽章，這樣應該很安全了吧？」整理完數位簽章的運用後，麒哥又問。

　　「理論上是這樣，不過還是要靠『憑證』的落實，才能讓數位簽章的使用更安全。」法老王說。

　　「憑證？」

　　「簡單來說，它可以保障使用者的個人身分資料和金鑰的安全。」

　　「如果沒有憑證的話，會發生什麼事嗎？」

　　「嗯……」法老王想了想。「我們先來講一下可能的風險好了。假設你要傳一封郵件給我，先用我的公開金鑰加密，再把加密後的訊息傳

給我。看起來都很安全，對吧？但是你怎麼知道這公開金鑰真的是我的？說不定是別人偽造的。」

「對，的確有這個風險。」

「這種『掉包』的方式就叫做『中間人攻擊』。」法老王拿出另一本書，指給麒哥看。

CHAT-ANGEL　中間人攻擊

「中間人攻擊」是指非法使用者將合法收信者的公開金鑰掉包，替換為自己的公開金鑰，讓送信者誤以為加密金鑰是收信者的公開金鑰，並進行加密。

送信者把密文發送出去時，非法使用者便擷取送信者的加密訊息，並使用自己的私密金鑰解密密文，順利讀取訊息後，再竄改訊息，利用收信者的公開金鑰加密訊息傳送給收信者，使得收信者誤以為訊息是送信者所傳送，造成糾紛。這一類攻擊，若發生在買賣交易行為上，影響甚鉅，更會造成使用者不必要的損失。

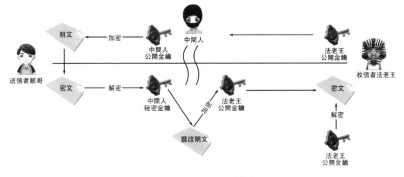

圖 5-6　中間人攻擊流程

「為什麼會發生這種事呢？」麒哥問。

「主要是為金鑰沒有經過認證。」法老王說。「如果能在取得金鑰的同時就進行比對，確認這把金鑰是誰發出的，就可以防止中間掉包。」

「那要怎麼檢驗？」麒哥又問。

其實很簡單喔。只要在公開金鑰上再加上數位簽章，就可以確認是誰擁有的；這也就是我剛剛說到的『憑證』。至於憑證……」法老王翻到另一頁，「我們可以看看這裡的說明。」

CHAT-ANGEL 憑證

憑證是一項很好的認證機制，它是由一個公正及信賴的憑證機構（Certification Authority，CA）所發行，針對使用者的個人身分資料，及使用者本身的公鑰，進行簽署認證，確認相關資訊無誤後，則核發數位憑證。

過程中，可以了解到數位憑證是將使用者的個人身分，與公開金鑰連結在一起。所以若要避免「中間人攻擊」，可藉由數位憑證，獲取使用者公鑰及證明此公鑰是否正確。而憑證為保證有效性，有一定的使用期限，非永久有效，期限一到就需更新憑證內容。

從下圖我們可以知道，公開金鑰憑證是憑證管理中心為使用者所發的證明文件。如果以使用者麒哥的公開金鑰認證為例，麒哥會將公開金鑰送至憑證中心做認證，憑證中心確認公開金鑰確為麒哥所有後，就會產生憑證放在於憑證貯藏庫（Repository）。

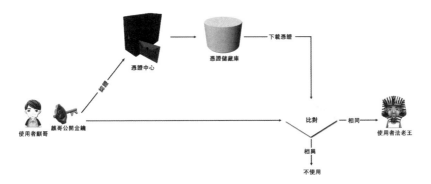

圖 5-7 數位憑證過程

　　若使用者法老王想透過公開網路取得麒哥的公開金鑰，且欲確認公開金鑰是否確實為麒哥所有，可至憑證貯藏庫下載憑證比對，若憑證相同，表示公開金鑰確為麒哥所有；反之則有問題，不可輕易使用此公開金鑰。另外有一個更常聽到的名稱，叫做「公開金鑰基礎建設」（Public Key Infrastructure，PKI）。「公開金鑰基礎建設」是運用公開金鑰及公開金鑰憑證，以確保網路交易安全性及確認交易對方身分的機制。

　　「那這個『公開金鑰基礎建設』和『憑證機構』有什麼關係呢？」

　　「『公開金鑰基礎建設』藉著『數位憑證認證機構』做『可信賴的公正第三人』，將使用者的個人身分和公開金鑰鏈結在一起，再透過認證機構所核發的憑證確認彼此身分，以提供隱密性、來源鑑定、完整性和不可否認性等安全保障。」法老王回答。

　　「所以⋯⋯那個什麼『自然人憑證』也是一樣的概念嗎？」麒哥想起以前阿智曾拿著他的證件去申辦，說是這樣報稅時比較方便。

「自然人憑證？」法老王好奇麒哥怎麼會突然提到這個。

「不是啦，幾年前阿智有去幫我辦什麼『自然人憑證』的，他說有這個比較方便，報稅什麼都可以在網路上弄，也不用自己去排隊。」麒哥抓抓頭，有些不好意思。因為阿智雖然幫他辦了自然人憑證，但是他完全不知道該怎麼使用。

「你只要把『自然人憑證』當成『網路身分證』就可以了，有了這張憑證，不但可以繳稅，要查詢勞健保資料、監理資料或使用其他政府提供的服務時，也都非常好用喔！而自然人憑證也就是這一套『公開金鑰密碼系統』最直接的應用喔！」法老王說。

「原來如此，我回去之後再好好研究一下，這樣以後報稅時就不用那麼辛苦填報稅單或花這麼多時間排隊繳費了！」

麒哥筆記 來看看你累積了多少功力！

- 混合公開金鑰密碼系統與對稱式密碼系統：利用「對稱式密碼系統」加／解密速度較快的特性與「公開金鑰密碼系統」的使用的方便性，則可以建構出的相得益彰、互蒙其利的密碼系統。

- HASH 函數：HASH 函數的功能，是將各種大小長度的訊息，經由 HASH 函數的運算之後，可以得到一組固定長度的短訊息，通常稱為「DIGEST」（摘要）。此外，HASH 函數具有「單向性」、「抗碰撞」及「擴張性」三種特性。

- HASH 函數檢查訊息「正確性」與「完整性」：收信者藉由比對寄信者所提供的摘要及自己利用 HASH 函數所產生的摘要，以確認訊息是否發生錯誤或遭受竄改，可用來確保訊息的「正確性」與「完整性」。

- 數位簽章：即使用秘密金鑰簽名，而用公開金鑰驗證。由於金鑰有唯一性，簽名自然也有唯一性，兩者結合，即能達到簽名的效果，有著確定身份的鑑定功能。

- 數位簽章的特性：
  - 完整性：保證文件的內含資料是未被更動，即保證傳送過程中文件未遭竄改。
  - 鑑定性：是指可以明確地確認簽署文件者的真實性身分。
  - 不可否認性：即簽署文件的人無法否認簽署過此文件之事實。

- 雙重簽章：即寄信者先被別隊兩份訊息執行 HASH 函數，運算出摘要資訊，接著再把兩份摘要資訊綁在一起，再將此份結合的摘要資訊執行 HASH 函數運算得到雙重摘要，此時寄信者便可對於此份雙重摘要資訊進行簽章，即完成「雙重簽章」的動作。

- 中間人攻擊：是指非法使用者將合法收信者的公開金鑰掉包，替換為自己的公開金鑰，讓寄信者誤以為加密金鑰是收信者的公開金鑰並進行加密。

- 憑證：憑證是一項很好的認證機制，它是由一個公正及信賴的憑證機構（Certification Authority，CA）所發行，針對使用者的個人身分資料及使用者本身的公鑰進行簽署認證，確認相關資訊無誤後，則核發數位憑證。

- 公開金鑰基礎建設：公開金鑰基礎建設（Public Key Infrastructure，PKI）是藉由憑證機構做為網路交易中的公正第三人，驗證交易雙方電子憑證，進而克服網路交易所造成之不信任感。交易雙方信任憑證管理中心，搭配金鑰的產生及數位簽章等功能，即可經由憑證管理中心核發的憑證確認彼此身分，提供隱密性、來源鑑定、完整性、交易不可否認性等重要的安全保障。

第六章

永恆的唯一

本章摘要

原先嗜酒如命的麒哥，因著兒子阿智這學期選修了「資安生活與密碼」的課程，人生有了奇妙的改變，不但戒了酒，還積極的學習密碼學的相關知識，讓阿智及他的好友法老王都感到欣慰不已。這天，麒哥利用難得的假期，邀請法老王到家中小聚，三人一同看影片「獵殺 U-571」，電影結束後，三人針對秘密做了許多的討論，從「網路相簿私密照曝光」的事件、「維基解密」與「網路上身」，法老王強調，唯有使用者保有「憂患意識」才能真正的確保秘密的安全。收穫滿滿的阿智在與法老王談話後，也完成了「永恆的唯一」作為課程報告呢！

法老王解惑

這一章有什麼內容呢？

1. 網路相簿私密照曝光

2. 維基解密（Wiki Leaks）

3. 憂患意識

4. 自我的唯一

很快地，學期即將結束進入暑假。麒哥由於阿智這學期選修了「資安生活與密碼」。因緣際會之下，在阿智與好友法老王的幫助下，不但戒了嗜酒的習慣，還對密碼產生了興趣。每次與法老王的小聚，聊聊密碼與科技安全，也成為麒哥每週最期待的事。而每次回家前，麒哥總會跟法老王借幾本書回家研讀。而平日在家中，麒哥也會和阿智分享自己的心得，無形中也激勵阿智更努力學習。畢竟對阿智而言，若是回答不了麒哥的問題可是有些丟臉呢！

　　難得的假期，讓阿智可以完全的放鬆，做自己喜歡的事、恬意的放慢生活步調。一天早上，阿智習慣的打開廣播、聆聽電台 DJ 播放的音樂，沒想到無意間聽到的歌竟讓阿智對「秘密」又有新的體會。

生活的一部份

　　廣播中正播著一首歌：「人的心中有太多秘密，所以黑夜藏劇情，好奇的人千萬不要，挖根究底問究竟，無可奉告你不想說明……」。

　　隨著歌曲的播送，阿智的思緒隨之起伏。

　　「每個人心中都藏有秘密，不願讓他人知道。既然是秘密，當然會特別保護、隱藏，利用一切可能的辦法，避免秘密外洩。秘密有可能是提款卡密碼或是間諜的真實身分，亦或是個人的生活壞習慣、暗戀的對象……等。」

　　「無論是怎麼樣的秘密，都不願讓他人知道，一旦被他人竊取秘密的相關資訊，可能會讓自己或他人帶來無法挽救的損失。在網路時代哩，我們必須重新定義何謂『秘密』。」

「阿智！阿智！你有空嗎？」門外傳來麒哥的喊叫聲，打斷了阿智的思緒。一打開房門，便看到麒哥正興奮的站在門前。

「阿智！今天我輪休，老爸前幾天租了『獵殺 U-571』跟幾部電影。」麒哥說，「我也找了法老王來家裡，待會我去買些零嘴、飲料之類的，我們一起看電影。」

「好！我馬上就來。」阿智高興地應了聲。

以前的麒哥，休假時只會找朋友酗酒，回到家時總是不省人事。有時，還會吐得一地都是，讓阿智反感不已。而如今的麒哥整個人完全煥然一新，開口閉口的都是「密碼」、「公開金鑰系統」、「HASH 函數」、「數位簽章」等字眼，讓阿智清楚感受到麒哥的努力與轉變。

過了一會兒，法老王便準時的來臨。「阿智，最近好嗎？」進門的法老王說。「暑假快到了，有什麼計畫嗎？」

「目前也沒什麼特別的計畫，因為最近都忙著準備期末考。」阿智說，「我期末除了考試外，還要交一份主題報告，所以現在沒什麼心情去想暑假的事。」阿智顯得十分擔心那份報告。

「喀拉！」，麒哥的開門聲，打斷了兩人的對話。「來來來，我買了一些吃的，可以當作中餐，也可以當作零食或者下酒菜。」麒哥還沒放下東西就急著說。

「下酒菜？」阿智望向還沒說完話的麒哥說。「爸！你要喝酒嗎？你有沒有事先跟法老王說啊？」

「哈哈！有！有！，這次喝酒你爸其實有是先問過我的意思，別擔心。」法老王說，「老外在看球賽時，也經常喝些啤酒，增加些歡樂氣氛，也可以融入賽事，其實蠻不錯的。你爸現在從酗酒變成品酒，可說是不容易的轉變。」法老王笑得看著有些靦腆的麒哥。

「來，把這個影片放進 DVD player 裡面。」麒哥對阿智說。

「影片『獵殺 U-571』？」阿智說。

阿智對這部電影有些陌生。但仍舊將 DVD 放進播放器裡，正對著電視螢幕調著遙控器按鍵時，抬頭便看見麒哥興致勃勃的表情，並聽到沙發上麒哥與法老王的對話，「這個影片的內容，你一定有印象，劇情你也一定有興趣。」

麒哥斬釘截鐵的口氣，讓阿智對接下來的電影不禁期待了起來。

CHAT-ANGEL ─獵殺 U-571 (U-571, 2000)

以第二次世界大戰為背景，描述英美領導的同盟國與德國間的潛艇戰爭故事，是一部將歷史事件搬上螢幕的電影。

第二次世界大戰，在歐洲淪陷以後，戰場移到北大西洋戰線。初期都是德軍占上風，德軍將 U 型潛艦遍布大西洋，只要找到目標，便透過通訊加密系統，連絡附近潛艦前來支援，以圍攻的方式殲滅對方。這種有效的攻擊方式，讓德軍摧毀許多英美的船艦，以及運送戰略後勤物資的補給線，讓英美製造船隻的速度，根本趕不上被德軍破壞的速度，英美盟軍損失慘重。

當時德軍擁有火力強大的潛艇，以及優異的祕密通訊能力，盟軍無法破解其通訊內容。德軍得以在北大西洋神出鬼沒，擊沉許多商船與軍艦，讓盟軍相當頭痛，毫無反抗的餘地，因此，盟軍若要贏得勝利，勢必得破解德軍通訊內容。最後盟軍能摧毀德軍的軍力侵略，主要關鍵的確在於此—解密德軍祕密通訊內容，掌握德軍的軍事部署行動。

有一天，盟軍偵測到有一艘代號 U-571 的德國潛艇，因故障正在發出求救訊號，逮住這難得的機會，盟軍將自身的軍艦，偽裝是德軍的維修艦，以維修為名接近 U-571，試圖奪取德軍的密碼機，解譯德軍的通訊內容。

美國海軍軍官，安德魯泰勒（Lt. Andrew Tyler）參與了這項任務，他和部屬們登上 U-571，並攻擊、俘虜潛艦裡的德國人，並完成最重要的任務，找到了德國祕密通訊的密碼機。正準備離開 U-571 潛艦時，他們的艦艇 S-33 卻被趕到的德軍擊沉，並準備攻擊已被盟軍控制的 U-571。盟軍處於極度危機，就在千鈞一髮之際，盟軍因偵測到大批德軍艦艇而適時反擊。最後，U-571 成功躲過追擊，並帶著德軍的密碼機返航，立了大功，讓盟軍贏得二次大戰的勝利。

德軍的秘密

電影《獵殺 U-571》中，德軍所使用的密碼機便是英格碼機，搭配一本「密碼本」（Code Book），依據日期的不同設定不同的金鑰。英格碼機與密碼本是德軍傳遞軍情的重要工具，是最高機密。德軍潛艦遭遇緊急狀況時，為了不讓重要祕密—英格碼機與密碼本落入敵軍手中，必須徹底摧毀，防止敵軍奪取。電影中出現的密碼本是由特殊水溶性的墨水

印製，在緊要關頭時，只需丟入水中即可完成摧毀的程序，讓敵軍無法獲取或復原其通訊機密，是種保護程度很高的保密措施。

　　這段事蹟在歷史上也有相關紀錄。一九四一年五月，英國皇家海軍從德國潛艇 U-110 取得英格碼機，並在隔年一九四二年十月，從德國潛艇 U-559 取得密碼本，經過許多數學家與密碼學家的研究，終於破解德軍的通訊系統。

　　盟軍藉此得以掌控德軍的行動，扭轉了北大西洋的戰局。

　　德軍的重要祕密，就是密碼機與密碼本，藉由這兩項「祕密」武器，德軍建構了極精密的軍事通訊系統。第二次世界大戰期間，德軍製造了多達二十萬部的英格碼機，將重要的軍事訊息與指令經由密碼機傳遞，不被盟軍解密。但是，所謂水可載舟，亦可覆舟，德軍不知英格碼機已被盟軍的密碼學家破解了，仍繼續使用傳遞軍事訊息，導致許多軍事行動與布署，皆被盟軍所掌握，因而戰敗。

　　「秘密好像不是絕對安全的。」麒哥輕聲地說。麒哥在播放影片過程，還不時地以旁白的方式發表自己的心得。

　　「你挑選的影片很有趣。」法老王誇獎了麒哥。

　　麒哥臉上浮現著笑容。「這部電影一看它的簡介，就讓我聯想到前陣子我們談論的英格瑪機。」麒哥說。

　　「你老爸其實很有想法的。」法老王對阿智說。

「老爸，不簡單喔！正好，我的期末報告要交一篇與『數字密碼』有關的報告，這部影片給了一些靈感，我想放入這部電影的一些內容。」阿智說。

「你要寫報告啊！難得的機會，今天法老王來，那讓法老王多講些有關這方面的訊息。」麒哥說。一說到密碼，麒哥便推促著法老王。

看在法老王眼裡，知道麒哥疼愛阿智的用心，也就笑著點了頭。「麒哥，你可機靈，真會利用機會。」法老王說，「你還記得上次的心得報告吧！裡頭你找了一些網路『部落格』、『社交網路服務』等，都是網路裡正夯的網路平台。我今天就來多說些這些平台裡的『秘密』。

CHAT-ANGEL

網路上有許多部落格或免費信箱結合了網路相簿功能，提供使用者上傳照片或影音檔案。這些功能的推出，興起了一陣分享相片的風潮，也因此有許多面容姣好的「正妹」相簿，更是受到矚目。網路裡相簿點閱率往往破萬，更有定期觀看的粉絲，儼然是網路明星，知名度不遜於知名影星。

這類網站大多也提供相簿密碼加／解密的服務，他人若要觀看相簿主人內容，必須先輸入正確的密碼才能觀看。因此，有許多的使用者，尤其是沒有資訊安全概念的使用者，以為利用相簿密碼功能，就私自認為有密碼保護的檔案，應是十分安全，故上傳許多私密的照片或影片至相簿中。

祕密因密碼而外洩的風險

設定密碼固然有保護自身祕密的用處，但有可能會因為網站設計的安全漏洞，或者密碼強度不夠，過於簡單，例如將帳號或生日設為相簿密碼，讓有心人士經幾次錯誤嘗試後，便很容易猜中。這些不夠完善的網站安全設計，或者使用者不良習慣，在不經意中使得重要的祕密面臨曝光危險。例如私密照曝光的案件層出不窮：

- 二〇一〇年十一月，新北市一名高職女學生，將自拍裸照放在加密的部落格相簿，因在網路遊戲與人發生口角，其後遭到私密相簿密碼被破解並廣為宣傳的報復行為，女學生知悉後痛哭：「以後怎麼做人？」

- 二〇〇七年三月，有一名男子透過即時通訊軟體與許多女網友聊天，並藉機獲取大量女網友的生日、電話、地址等相關個人資料，再利用這些個人資料排列組合，找出女網友們私密照的相簿密碼，下載並觀看這些性感自拍私密照，甚至恐嚇女網友繼續拍照供其欣賞，否則將在網路上公布這些照片。

- 二〇〇九年三月，有人在色情網站徵求特定正妹的相簿私密照內容，請版主破解。不久，受指定的相簿私密照即遭到公開，某知名網站的「百大正妹」更是指定首選。警方研判可能為內神通外鬼，認為網站管理員是最大的嫌疑者，他們具有最高權限，能掌握檔案的讀寫、存取等功能。

- 二〇〇九年十一月，有科技大學學生，藉由網站設計漏洞，跳過相簿的密碼檢核功能，直接下載上百名女子的私密照片。並在網路上兜售密碼、私密相片、以及破解方法，造成相關當事者受害。

- 二〇一四年二月，國內三大入口網站之一 PChome 傳出使用手機瀏覽「加密相簿」無須輸入密碼，引發會員恐慌。對此，Pchome 坦承疏失，由於手機版本未同步更新，目前已緊急修正錯誤。警方指出，若是民眾發現「加密相簿」的私密照外流，可先拍下手機版的網頁畫面作存證，以方便日後提告。

這些遭公布的網路相簿，都是受害人的重要祕密。但是因網站資安漏洞，或密碼遭到破解，使得隱私的資料外洩，完全無法抵抗。原本是出於美意提供多媒體資料分享的服務，卻發生侵害使用者權益的資安問題，造成受害人難以抹滅的心靈傷害、名譽受損等憾事。

「在這裡『祕密』也不是絕對安全的。」法老王說。「這樣的祕密還是祕密嗎？」法老王看了大家，也賣個關子。

「對，我修課時也有聽過類似的案例。」阿智附和地說。

「麒哥，你在網路找資料，GOOGLE 關鍵字時是不是也常在網頁上出現『維基百科』的字眼？」法老王說。

「是啊！上次在網路找資料，我從『維基百科』找到很多資料，非常方便。」麒哥說。

「『維基百科』跟『祕密』也非常有關係呢！」法老王說。

CHAT-ANGEL 維基解密

維基解密（WikiLeaks）是創立於二〇〇六年的一個非營利組織，創辦人是澳洲籍的朱利安‧保羅‧阿桑奇（Julian Paul Assange）。該組織致力於訊息的公平公開，認為公眾有知的權力，以促進真正的正義公理，因此接受許多匿名以及網路披露的資料，經過審慎評估真實性後，公布在其網站上並附加評論。

維基解密被視為「外交的 911 事件」，影響巨大，因為有太多軍事與外交祕密遭到披露，造成各國外交恐慌，尤其是美國有許多機密資料被該網站公布，這些資料被認為是由網路駭客提供，或甚至是美國內部相關人員洩密。維基解密至今備受爭議，但它的資料公開提供，確實造成美國的形象與外交嚴重受創。

遭公開的機密檔案如：

(1) 美軍機密檔案

- 二〇一〇年四月，公布美軍在巴格達濫殺民眾的影片。

- 阿富汗與伊拉克戰爭資料。

(2) 二〇一〇年十一月，公布美國駐外使館傳給美國國務院的機密電報，內容包括美國外交官對部分國家官員的形容。例如：

- 義大利總理貝魯斯柯尼被形容為「身為當代歐洲領袖，缺乏效率、太自負且無能，且因為晚上都在開派對，生理上、政治上都很軟弱。」

- 法國總統沙柯吉的行事風格被形容為「易怒且專制」。

- 辛巴威總統穆加貝是個「瘋老頭」。

- 美國駐厄瓜多大使在二〇〇九年的電報，批評總統柯利亞明知新任警察總長烏達多貪腐，卻還是任命他。經維基解密披露此電報後，柯利亞將該大使驅逐出境。

(3) 其他

- 美國國務卿希拉蕊‧柯林頓，要求外交官員們蒐集各國重要官員與外交官的 DNA、生物虹膜、指紋、信用卡卡號、網路密碼……等個人資料。

- 古巴官員透露古巴在二〇一一年會面臨破產危機。

- 大陸批評北韓為「被寵壞的小孩」，打算放棄這個盟友，認為可由南韓主導兩韓的統一。

「維基解密後，秘密還是秘密嗎？」說完「維基解密」故事的法老王笑說。

「等一下，我好像有些想法。」麒哥說。「秘密是絕對的嗎？秘密還是秘密嗎？」麒哥學著法老王說話的口吻。

等一下，阿智也到自己房裡拿出背包內的筆記。翻到一頁時，也讀出一段話。

> 我聞南海大士，
> 為人了卻凡音，
> 秋來明月照柴門，
> 香滿禪堂幽徑，
> 屈指靈山會後，
> 居然紫竹成林，
> 童男童女拜觀音，
> 僕僕何居榮幸。

「你們知道裡面有何秘密？」阿智說。阿智心裡想著「輸人不輸陣」的滋味。

「你看到秘密了嗎，秘密還是秘密嗎？」阿智故弄玄虛，也學著麒哥與法老王說話的口吻。

三人頓時對望，笑聲充滿著麒哥的客廳。

一會兒後。

「其實我們自己以為的秘密，常在我們不知情下被散佈著。」法老王開了口說，「被他人知道的『秘密』其實就不能算是『秘密』了。尤其在數位時代裡，科技愈是發達便利，愈是得有憂患意識，否則秘密就會外洩而不自知。」

「秘密這麼容易就外洩。那不是毫無隱私可言？」麒哥好些訝異地說，「真的是這樣嗎？」

「憂患意識，只是一種觀念的養成。以剛剛的一些網路服務平台為例，如果能多瞭解密碼的設定以及良好的使用習慣，秘密當然還是秘密。」法老王笑說。

法老王此時從他帶來的資料袋裡拿出一本書。翻了幾頁，拿給了阿智，示意阿智念出來。

CHAT-ANGEL 憂患意識

現今的生活已很難離開網路與電腦，過度依賴的結果，使用者會將許多檔案資料存放在電腦及網路上。當中，也不乏極隱私的個人資料，存放在電腦／網路中的檔案資料，若不詳加管理，一不小心就會外洩。其實只要作好防護機制，擁有良好的使用態度，便可以提升安全性，降低秘密外洩的風險。換言之，能多懂些，則安全的防護機制，在使用電腦／網路的相關服務時，即能多些保障，提高秘密的保護，得以放心網路功能的操作與應用。

密碼的設定

網路上最常使用、最常見的秘密保護機制，就是帳號與密碼。不論是網路銀行、Email、Facebook、Plurk、部落格…等，這些網路服務幾乎都需要使用者的帳號與密碼，待通過認證後，方能使用該網站提供的功能，帳號與密碼的重要性可見一般。

目前網站的架設相當簡易，點選網路搜尋，便能出現數千萬筆的結果，使用者若要使用網站服務，一般的要求是需註冊身份，登記帳號、

設定密碼。若想有較高秘密保障，密碼的設定，其實有一些小撇步，可以讓密碼不容易遭到破解。到底葫蘆裡賣什麼藥，現在來瞧瞧吧。

(1) 避免以個人資料當作密碼：很多使用者為了讓自己輕易地記住密碼，因此常常使用與自己相關的數字與英文來當作密碼，例如使用電話、車牌號碼、門牌號碼、身分證字號、出生年月日、使用的品牌名稱、英文名字…等，甚至直接設定密碼就等於帳號，對於使用者而言，這是相當方便，不容易忘記的「好密碼」。但是，只要在網路上搜尋，簡易的個人資料便能從網路得知。因此，以個人資料作為密碼便很容易被猜中，一旦破解後，即可輕易讀取資料，而你保護的秘密不再是秘密了。

(2) 提升密碼強度：除了避免使用個人資料當作密碼外，也要加強密碼的強度，因為密碼也會遭到其它密碼破解軟體的威脅。

    為了避免威脅，密碼最好長度不少於 8 個字元，並且在設定密碼時需有數字、英文大小寫與符號的變化，也不要使用字典裡找得到的單字。透過這些訣竅，可以大幅增加破解的難度，使得密碼更為安全。

(3) 定期更換密碼：登錄的密碼得定期更換，通常建議為每三個月更換一次密碼，避免密碼已遭到追蹤或側錄的風險。

良好的使用習慣

所謂習慣成自然，在資料容易被非法者竊取的環境裡，良好的使用習慣是秘密不外洩的關鍵所在。你是否曾好奇，政府機關或者企業，訂定嚴格的資安政策，為何資訊遭竊的負面消息仍不時發生呢？究其原

因，在於員工無法徹底落實資安政策。雖規定三個月更換一次密碼，但貪圖便利下，將密碼抄寫於便條紙上，貼於鍵盤後面，這不等同告訴他人密碼嗎？此種狀況層出不窮，好的資安政策，仍需要人為的配合，配合的程度源自良好的習慣，例如：定期更新系統與防毒軟體、不告知他人密碼、登出使用電腦、使用不同的帳號密碼、電腦故障送修應將硬碟拆下、以免資料遭到不肖的維修員窺探與散播等。

「這些看似極小的動作，其實都是保護使用者秘密的不二法門。再好的資安政策也需確實落實，否則也是淪為空談，攻擊者依然是有機可趁。」法老王再強調一次。

麒哥從阿智那兒拿了法老王剛給的書。「我看看。」麒哥說，「咦？法老王，你怎麼會帶這本書？」

「我想阿智要期末考了。我先前有寫一本書，內容跟阿智的『數字密碼』有點關係。今天來剛好可以送他。」法老王說。「阿智，這本書你要好好讀喔！」

「謝謝法老王叔叔。」阿智高興地說，「對了！其實我修課時，老師偶而也會用影片的方式來介紹密碼呢！」

「我記得有部影片，播映前先有一段旁白。」阿智接著說。

「或許有些人會覺得，個人的資訊與帳號密碼……等，也就是別人歸類為秘密的東西，並不那麼重要，就算被破解、盜用了也無所謂。因而對資料的安全性或警覺性較低，總覺得那是庸人自擾之。但事實真的是這樣嗎？」

「2006 年熱門電影『網路上身 2（The Net 2.0）』，描述一個電腦工程師，荷普 ・ 卡西迪（Hope Cassidy）身分遭到竊取的故事。」

阿智依稀記得當時的話與討論的內容。

CHAT-ANGEL　自我的唯一

數位化的時代，戶籍資料、前科資料、銀行帳戶、房屋資料等各類資料，無一不使用電腦管理與儲存。但必須特別留意的是，數位化的資料可不著痕跡地複製與修改。

電影中，美國領事館人員依據遠端資料庫顯示的個人資料，認為主角卡西迪的身分是魯斯。沒有人相信卡西迪的說詞，即使她就是卡西迪本人。這種情形就是所謂的「身分竊盜」，當事人的身分遭到他人冒用，包括姓名、工作、銀行帳戶、信用卡……等，要想證明自己的身分難如登天。

霍普・卡西迪原是一位專業的電腦工程師，她接受國際蘇沙公司的聘請，來到土耳其伊斯坦堡進行網路安全的防護工作，但是周遭的一切都非常詭異。首先是她的網路銀行帳號密碼遭到盜用，存款被盜領一空。接著她在土耳其的美國領事館辦的新護照，上面的照片是她，但是名字卻變成了凱莉・魯斯。本以為是行政疏失，改天再修正即可，沒想到回到了辦公室，卻發現有人冒充她的身分，而她卻真的成了凱莉・魯斯。任何可以證明她的身分文件都遭到竄改，甚至可以證明她真實身分的人，例如：領事館辦事員，都慘遭殺害了。

　　更糟的是，因為先前接下一間俄國軍火商的公司（嘉勒大國際控股公司）的資訊安全檢核工作而擔任檢核工作人員的卡西迪，知道該公司的帳號密碼。卡西迪被認定為冒牌貨，且被指控轉出大筆款項，而遭到通緝與追殺。

　　卡西迪最後被男友詹姆斯搭救，正當危機四伏時，卻靠著歹徒與男友都說出相同的話，「相信我，我會把妳的惡夢變成美夢」，這才發現一連串荒謬的遭遇都是男友的陰謀，為了錢，讓她當替死鬼。

　　卡西迪為了得到換回身分的談判籌碼，她利用旁人無法取代的電腦專長，偽造銀行總裁的假 E-mail 以及自己與銀行總裁的合照，要求員工將贓款匯入自己的新帳戶中，過程中，員工因為相信偽造的 E-mail 與照片，而未進一步檢查卡西迪的身分證件，就把錢轉入她的戶頭。

　　最後卡西迪靠著她的才智與勇氣，以及國際刑警的協助，脫離困境。但是因為犯罪集團尚未根除，所以最後她只得使用國際警察為她創造的全新身分，在世界上生活下去。

　　劇中卡西迪的男友詹姆斯坦承，打從他們交往開始就是個陰謀，因為他正是看準了卡西迪「沒父母、沒朋友、『沒有人生』，消失也不會有人注意」。

　　從情節中可以想見過度依賴電腦的可怕後果。許多人的生活也如同電影般，整天面對著電腦與網路，缺乏實際面對面的人際關係的經營。如果有天我們也變成了電影中的電腦工程師一樣，「消失也沒有人會注意」時，是多麼可怕的一件事情！此外，劇中女主角過於信任身旁的男友，帳號密碼遭到盜用竟然渾然不知，這正提醒一般人密碼防護的重要認知：即使是最親密的人，也不宜洩露，以確保安全。

廣告台詞：「電腦嘛會撿土豆」。逗趣的對話說明電腦有多麼的聰明好用。電腦已成為你我生活的一部分。數位化的時代，戶籍資料、前科資料、銀行帳戶、房屋資料等各類資料，無一不使用電腦管理與儲存。我們必須了解，數位化的資料可不著痕跡的複製與修改。以剛才的電影情節為例，美國領事館人員依據遠端資料庫顯示的資料，認為卡西迪的身分就是魯斯。沒有人會相信卡西迪的說詞，即使她就是卡西迪本人。此一情形就是所謂的身分竊盜（Identity Theft）。當事人的身分遭到他人冒用，包括姓名、工作、銀行帳戶、信用卡……等，處於不能證明自己身分的窘境。要想證明自己的身分，可說是難如登天。

唯一與秘密

經過法老王的說明後，阿智的期末報告，似乎已有了頭緒。

夜裡，阿智在房裡寫著報告，翻著法老王送的書，阿智想著今天的點滴與電影所給的靈感。筆尖隨著思緒不斷移動，寫下「秘密」所帶來的生活衝擊。也引述了電影「全民公敵」。

CHAT-ANGEL 全民公敵 (Enemy of the State, 1998)

「人肉搜索」是網路搜尋的意外發展，從中無非讓我們體會到網路的資訊威力。然而，在網路強大搜尋能力的情況下，又該如何保有我們的隱私權呢？

主角羅勃‧狄恩為一名律師，他無意間獲得國家安全局主管托馬斯‧雷諾茲殺害議員的影片，為了不讓狄恩將影片公布，雷諾茲帶領

一群國家安全局探員追殺狄恩，藉由職務之便假公濟私，對狄恩嚴密監控。透過衛星及無所不在的錄影監視系統，加上刻意安裝在狄恩的皮鞋、內褲、手錶、領帶、西裝、筆上的竊聽器，讓狄恩的行蹤與動態無所遁形。除了欣賞電影中的高科技竊聽監控分析技術外，也讓我們探討國家安全與個人隱私之間的平衡。

從劇情中，可以想像國家公務機關可能對於個人造成的侵害。科技不斷推陳出新，網路上的資訊無所不包，如果有天我們也在無意間成為他人監控的目標時，是不是也和主角一樣蒙在鼓裡？

在臺灣的街頭，政府為了打擊犯罪也安裝了無數的監視器，雖然達到防治犯罪的效果，卻也對一般民眾的隱私權有所侵害。監視的影片會不會用於非法用途呢？我們不能排除這樣的可能性，就像電影最後的疑問：「我們必須監控敵人的行動，也必須監控負責的情治單位。那『誰來監控幕後的主事者呢』？」（Who's gonna monitor the monitors of the monitors?）

阿智終於寫完了最後一段話。

許多秘密遭破解的案例，包括：戰爭的秘密、私密相簿的秘密、身分的秘密、外交與軍事的秘密、帳號密碼的秘密等，都顯示若是秘密遭人竊取，後果是無法想像的。相對於公開訊息而言，秘密就是不能讓別人知道，必須隱瞞、加以保護的資訊。

　　我們必須了解，科技終究還是身外之物。人，才是根本。如果有天我們的資料都遭到複製，是否身分就被別人取代了呢？讓我們回到最初的主題—秘密（Secret）。我們必學會保有自己的秘密，不論是成長的回憶，亦或是生活的習慣、甚至是專業知識等。這些不易遭到複製，旁人也無法取代的回憶都應妥善保存。

　　即使是公開金鑰系統（Public-Key Cryptosystems），雖名為公開，其實也保有一個秘密金鑰（Secret Key），並不是真的完全公開。無論過去、現在與未來，也無關傳統與科技，需要最高等級的安全與保護，必須保有永恆以及唯一的東西，也就是你的心中「秘密」。

　　阿智十分滿意這份的報告。心裡想著：「真好！一份標著主題：『永恆的唯一』可以交差了」。而這個心中的「秘密」只有阿智自己知道。

麒哥筆記 來看看你累積了多少功力！

■ 網路相簿私密照曝光：許多使用者因過度信任網路相簿的安全性，加上自身資安知識不足，因而將許多私密照片上傳至網路相簿中，進而造成資料外洩的問題。

■ 維基解密（Wiki Leaks）：維基解密（WikiLeaks）是創立於2006年的一個非營利組織，創辦人是澳洲籍的朱利安‧保羅‧阿桑奇（Julian Paul Assange）。該組織致力於訊息的公平公開，認為公眾有知的權力，以促進真正的正義公理，因此接受許多匿名以及網路披露的資料，經過審慎評估真實性後，公佈在其網站上並附加評論。

■ 憂患意識：現今許多使用者因對資訊安全知識的不足，而常有資料外洩的情形發生，這也反映出使用者的疏忽與大意。事實上，只要使用者願意多用心、多了解相關知識，並保有一定的憂患意識，完全可以避免不必要的損失。

　● 密碼的設定：網路上最常使用、最常見的秘密保護機制，就是帳號與密碼。若想有較高秘密保障，密碼的設定，其實有一些小撇步，可以讓密碼不容易遭到破解。

　　1. 避免以個人資料當作密碼

　　2. 提升密碼強度

　　3. 定期更換密碼

- 良好的使用習慣：好的資安政策，仍需要人為的配合，配合的程度源自良好的習慣，例如：定期更新系統與防毒軟體、不告知他人密碼、登出使用電腦、使用不同的帳號密碼、電腦故障送修應將硬碟拆下、以免資料遭到不肖的維修員窺探與散播等。

本章摘要

麒哥又約了法老王來家裡聊天，順便交換一下觀影心得。在阿智的 LINE 帳號盜用事件中，法老王利用這個機會，介紹「數位證據」及「數位鑑識」，並分別提到電腦、網路及手機的鑑識方法。網路世界。我們所查詢的任何一個網站、發出去的任何訊息，或是在電腦硬碟裡刪除的任何一個檔案，它都會留下痕跡，只要利用適當的工具，就可以追蹤或復原。此時，麒哥好奇的詢問法老王，既然密碼有加密及解密，那是否也有所謂的「解鑑識」。法老王順水推舟的向麒哥説明「反鑑識」及常見的反鑑識方法。三人談性正濃時，麒哥忽然接到電話必須外出一趟，阿智利用機會向法老王詢問關於「密碼信」的事，阿智猜想這封密碼信與他過世的母親有密切的關係，經過法老王的協助後，順利解得明文。此時，麒哥也正好返回，父子兩人相擁而泣。密碼，不僅對科技的發展有著莫大的助益，對麒哥與阿智兩人來説，更是人生轉變的重大關鍵，人生就如同密碼，解密的過程需不斷嘗試，但唯有一次又一次的努力，才能找到正確的「金鑰」，找到人生的智慧與永恆的唯一秘密。

法老王解惑

這一章有什麼內容呢？

1. 數位證據

2. 數位鑑識的必要程序

3. 數位證據的特性

4. 鑑識陣線聯盟

5. 反鑑識

6. 數位浮水印

上回法老王來家裡吃飯，一起看了《獵殺 U-571》的影片，看完後還提供了一些和密碼有關的片單，麒哥樂得合不攏嘴地再去租回家，當成作業看個過癮。這天下午，麒哥又約了法老王來家裡聊天，順便交換一下觀影心得。

兩人聊得正起勁，突然聽到阿智房裡傳來一聲：「唉呀！」

麒哥以為阿智怎麼了，走到門前敲了幾下。「阿智，怎麼了嗎？」

過了一會兒，阿智打開房門，聲音有氣無力的。「我沒事啦，只是 LINE 的帳號被盜⋯⋯」

「帳號被盜？」麒哥問。

「剛剛跟同學用 LINE 的群組在討論報告，結果別的朋友傳了個訊息來，要我去臉書按讚衝人氣，我沒發現到那是釣魚網址，點下去才知道事情大條了。」阿智說。

「哇，真糟糕。那該怎麼辦呢？」法老王也常聽到學生在聊臉書或 LINE 詐騙的事。

「總之就是先停用這個帳號、禁止從手機以外的裝置登入、寫信給客服，然後就是跟所有 LINE 的連絡人說我的帳號被盜了，如果我的帳號傳了什麼奇怪的訊息連結，千萬不要點。」阿智說了幾項應變措施，也都是許多部落客教大家的標準作法。

「出來喝杯茶，休息一下吧。」法老王拍拍阿智的背。

「這其實是我自己不小心。」喝了幾口茶，阿智顯得冷靜多了。「雖然網路服務很方便，但也讓詐騙變得更方便，還好有一些正面的教學資訊，教大家如果臉書或 LINE 的帳號被盜時該怎麼辦。」

「我們利用密碼系統來保障自己的資訊安全，但是如果碰到像這種盜取帳號或是詐騙的行為，倒也不是完全沒辦法喔。」法老王說。

「除了阿智剛剛說的那些辦法之外，還有什麼辦法嗎？」麒哥問。

「『凡走過必留下痕跡』這句話你們聽過吧？」法老王先賣了個關子。

「聽過啊。」阿智和麒哥異口同聲地回答。

「即使在網路世界也一樣。我們所查詢的任何一個網站、發出去的任何訊息，或是在電腦硬碟裡刪除的任何一個檔案，它都會留下痕跡，只要利用適當的工具，就可以追蹤或復原。」

「這個我知道。」阿智接著說。「我們常常碰到隨身碟或記憶卡壞軌，這時候就要用救援程式來救檔案。」

「沒錯。我們再從另一個方向來想：如果我們發現自己買的線上遊戲點數突然不見了，或是網路購物的商品過了一個月還沒寄來，或是像阿智碰到的、LINE 帳號被盜之類的事情，也一樣都可以追蹤出來是誰，或說哪部電腦幹的好事。」法老王說完，掏出手機刷了幾下，把頁面拿給麒哥和法老王看。

「《刑法》第三十六章『妨害電腦使用罪』？」麒哥念出標題，滿肚子疑惑。「我都不知道《刑法》有這一章耶。」

「這一章是二○○三年才新增的，主要用來防範四種常見的犯罪行為。第一種就是『無故登入別人的帳號密碼，或以破解密碼的方式入侵別人的電腦』。」

「這就是我跟同學最常碰到的狀況嘛。」阿智說。

「沒錯。第二種是『無故取得、刪除、變更別人的電磁紀錄』，比如說偷刪別人電腦裡的檔案，或把 A 檔案換成 B 檔案之類的。第三種是『無故以電腦程式或其他電磁方式干擾別人的電腦或相關設備』，最常見的就是電腦病毒。至於第四種，就是製作妨害電腦使用的電腦程式，也就是說，即使放電腦病毒的人不是我，但如果這個程式是我寫的，我也一樣會吃上官司。」法老王說了一大串。

「法老王，你剛剛說可以用工具來追蹤網路世界裡留下的痕跡，可不可以再講具體一點？」麒哥好奇地問。

「那有什麼問題。」法老王思考著該怎麼開始才好。「你們多少都看過推理小說、警察辦案的電影或影集什麼的吧？」

「看過。」麒哥點點頭，又指了指阿智。「這孩子是推理迷，超迷日本推理小說。」

「那你們應該都很清楚，發生刑案時，警方都會派人到現場做『鑑識』，也就是採集可能的跡證、發現關鍵的證據，並透過它們所顯示的各種狀態，試圖還原犯罪過程、找出真凶。」法老王接著又說：「即使是網路時代也一樣，可以透過數位鑑識，讓數位證據還原出犯罪事實。」

　　阿智想了想，說：「這樣說的話，我們平常拿來還原檔案的程式，應該可以算是數位鑑識工具的一種；而還原出來的檔案就是數位證據囉？」

　　「可以這麼說。」法老王回答。「就定義上來說，電子儲存媒體內，任何足以滿足犯罪構成要件或關連的電子數位資料，包括文字、聲音、圖片、檔案、程式等，都可以是數位證據。警方可透過鑑識工具，對儲存在數位媒體中的資料進行萃取，經由萃取出的數位證據，在法庭上可供作犯罪事實的證據。數位鑑識的目的在於蒐集、檢驗和分析數位證據，藉由保存電腦犯罪證據，並透過電腦採集有意義的資訊來描繪事件的輪廓、重建事件現場。但是採集到的數位跡證是否遭到竄改，以及這項證據可以證明什麼，也都是必須考慮的事情。」

　　「可是檔案要拷貝、修改或刪除都很容易啊，這樣要怎麼追查源頭？」麒哥很好奇。

　　「的確。『不易保持原始狀態』『難以確定完整性和來源』，以及『不易察覺與解讀』可說是數位資料的幾項特性。如果是一把凶刀，即使把血跡擦掉還是驗得出來，還可以查出製造商或販賣者，但是數位資料卻沒辦法這麼做，所以這時候就可以透過一些程式來追查資訊的來源。」法老王解釋。「像阿智剛剛說的『救援程式』，就可以還原被刪除或毀損的檔案喔。」

　　「還原資料這個我很熟。」阿智「哈哈」笑了兩聲。「懂得怎麼用救援程式來還原檔案應該算是大學生必備技能。」

　　「已經刪除的檔案為什麼可以再還原啊？刪掉……不就是消失了嗎？」麒哥歪著頭，百思不解。

「這是因為電腦儲存資料的方式跟我們想的有點不一樣。」阿智說。

「阿智說的沒錯。」法老王接著說明。「拿我老婆來當例子好了。她鞋子超多的，而且每雙鞋都有一個鞋盒，有時候根本搞不清楚想穿的那雙鞋在哪裡。後來她就幫每雙鞋子拍照、貼在鞋盒外面，而且還按鞋子的種類分類，這樣出門要找鞋子就方便多了。我們也可以把電腦磁碟想成一個一個的小盒子，一般在『檔案總管』裡看到的檔案列表或縮圖，其實就像是我老婆貼在鞋盒外面的照片，並不是真正的鞋子。」

「嗯……雖然你這樣說，但我還是不懂為什麼刪掉的檔案可以再復原。」麒哥說。

「別急嘛，故事長得很呢！」法老王笑了笑。「現在假設我老婆不想再穿某雙鞋，所以撕掉了盒子上的照片，那麼現在的狀態就只是『不知道那雙鞋在哪裡』，而不是『鞋子丟掉了』。萬一有一天，她又買了新的鞋，於是把新鞋子放進舊盒子裡，外面貼上新鞋的照片，再把舊鞋拿去丟掉，這時候舊鞋才真的『不見了』。」

「所以……電腦也是一樣，把檔案丟進『資源回收桶』的時候，其實只是撕掉最外面的照片，如果再放進新的資料，舊的檔案才會真正刪除？」麒哥依著法老王的敘述邏輯推論出這樣的結果。

法老王點點頭：「是的。鑑識人員就是利用電腦儲存資料的特性，只要硬碟沒有重組、沒有多次格式化、沒有覆寫上其他檔案，原則上都可以找回『以為』已經刪掉的檔案。」

「那麼，還有什麼其他的數位鑑識工具嗎？」麒哥又問。

　　「還有很多喔，可是要用口頭說明有點複雜……常見的數位鑑識軟體和鑑識操作方法，可從「電腦磁碟」「網際網路」「智慧型手機」等等不同鑑識平臺上，透過實際模擬案例的方式，以適當的方法蒐集完整的數位證據。」法老王摸了摸下巴。「阿麒，還是跟你借一下電腦吧，這樣比較清楚。」

　　「有什麼問題。」麒哥走到放在客廳一角的桌上型電腦旁，按下電源鍵。「會很難嗎？」他指的是法老王接著要說明的鑑識工具。

　　「一點都不會。看了你就知道。」法老王回答。

CHAT-ANGEL　鑑識陣線聯盟

一、電腦磁碟

　　假設嫌疑人在隨身碟中儲存了非法圖片，內容記載了犯罪現場的相關資訊。為確保資訊不被鑑識人員知悉，該嫌疑者將整個隨身碟格式化，企圖湮滅證據。

　　若搜查行動中，該隨身碟被找到並交給鑑識人員，一旦鎖定要鑑識對象的系統環境後，即可開始著手進行鑑識工作。鑑識人員利用隨行準備的鑑識工具之一：FinalData，對磁碟掃描。當發現鑑識軟體掃描內容中，有已遭嫌犯刪除的檔案和文件，鑑識人員判斷，這些資料極有可能是存有非法資訊的檔案，遂進行檔案回復。

　　回復檔案後，鑑識人員點選檢視回復的資料，有時會發現遭刪掉的圖片雖被成功還原，有些資料卻並不完整。但從連續的幾個檔案當中，還是得以判斷出確實是被嫌疑者刪除的圖片。

二、網際網路

對現代人來說，網路不再是遙遠陌生的名詞。透過網路可以接收資料，也可以上傳資料。從鑑識的角度來看，隨著網路的普及，網路紀錄的鑑識已越來越被重視，這是因為透過網路紀錄可以了解使用者在網路上的瀏覽活動。你是否有過這樣的經驗呢？有時候在登入過 Facebook、Gmail 後，下次開機重啟網頁要點選帳號、密碼登入時，居然不必再次輸入帳號密碼，就能登入了。或是已經讀取過的網頁，下次重新開啟時顯示速度似乎特別快，這些都跟網路紀錄的存取有密切關係。事實上，當你使用瀏覽器瀏覽網頁時，會產生三種紀錄：歷史紀錄、Cookie 及暫存檔案。

(1) 歷史紀錄：網路管理中，為了方便使用者再度拜訪該網頁，瀏覽器會將瀏覽網頁的活動及相關網頁內容記錄下來，而這些紀錄也就是「歷史紀錄」。以鑑識人員的角度來看，歷史紀錄可以了解使用者造訪過哪些網站、進行過什麼活動，更進一步還可從紀錄中找出有利的證據。它就像一本記事簿，將瀏覽紀錄詳細寫在記事簿中，供使用者查閱。

(2) Cookie：「Cookie / Cookies」是使用者在讀取網頁內容時，瀏覽器為了減少與遠端溝通的時間，將瀏覽的資料與認證資訊儲存在「Cookie」中，等到下次重新讀取網頁時，便能大大減少重新存取網頁內容的時間。例如：會員登入、曾經瀏覽過的影片及文章等。如此一來，網站就可以運用「Cookie」，將使用者習慣的操作模式記錄下來，讓使用者免於多花心力再度登入及重新設定的麻煩。

然而，「Cookie」雖然有這樣的便利性，卻也帶來一些隱憂。如果「Cookie」裡面的資料遭到惡意取用，使用者的個人資料如：帳號、密碼以及使用網頁瀏覽器的習慣，便會遭到盜用。

但是若有不法的網路事件發生時，「Cookie」反而可以使調查人員在鑑識工作裡發揮作用，找到蛛絲馬跡。

(3) 暫存檔案：使用者點選造訪過的網頁，瀏覽器會以「暫存檔」的方式儲存在本地端的電腦。這個好處是，再度讀取該網頁時，就無需耗費額外時間，從網路上下載同樣內容的網頁，而可以馬上從暫存檔中讀取出來。這也就是為什麼，當我們再度開啟曾經瀏覽過的網頁時，感覺讀取速度好像特別快的原因。而對鑑識人員來說，則可以藉由暫存檔來萃取相關資料。

如果這些紀錄被刪除了，該怎麼查？」麒哥問。

「是有些麻煩啦，但還是可以透過特殊的技術和工具復原這些紀錄。」法老王說。「另外啊，很多學生都會利用宿舍或圖書館的網路下載影片或軟體，這時候，學校只要透過『IP』，就可以知道是哪一層樓的哪個位置或哪部電腦幹的好事喔！」

「我先說，我可沒有做這種事喔！學校的計算機中心一天到晚在公告誰又違規使用學術網路，丟臉死了。」阿智連忙搖手。

「我沒有在說你啦！」法老王大笑起來。

「……IP 是什麼？」麒哥沉默了一會兒，終於開口。

「IP 是一串數字的組合,簡單來說,有點像是『定位系統』,但它的功用不只如此。」法老王在鍵盤上輸入關鍵字,隨即跳出檢索頁面。

CHAT-ANGEL 用「IP」找到你的位置

「IP」(Internet Protocol)是 TCP / IP 協定的基礎。它是一種協議,內容描述資料封包於網路交換時該如何運作,如:網際網路的定址方式、資料傳送路徑及單位等。它的任務是根據來源主機和目的主機的地址傳送資料,IP 協議描述了網路定址的方式,和傳送資料時應該如何被包裝。每個網際網路的使用者,在連線至網際網路時,都會被分配到「ISP」(Internet Service Provider,網際網路服務提供者)所提供的一個「IP 位址」,這串「IP 位址」就代表著使用者在網路上的身分辨認。

「IP 位址」又分為浮動式以及固定式,固定式代表每次與 ISP 連線時,所分配到的 IP 都是相同的,而浮動式 IP 則是隨著每次連線而有所不同,並無固定的 IP 位址。

鑑識工作裡,如果想要追查在網站中留言或撰寫文章的發文者,究竟是從何處所傳,只要取得發文者的「IP 位址」,例如:部落格、社群網站、BBS、E-mail 等,並且分析發文時間是哪位網際網路用戶在什麼地點,被分配到這個 IP 位置上網,就可以獲知確切的電腦所在位置了。如果再搭配電腦磁碟、網路瀏覽器的鑑識方式,找到相關的上網紀錄或者是恐嚇郵件的存檔,就罪證確鑿了。

「IP 位址」就像是網際網路使用者的地址,如同真實世界的使用者居住地址。在臺灣,如果我們連到 TWNIC(Taiwan Network Information

Center）「whois」的網站（http://whois.twnic.net.tw），就可以查詢到 IP 所屬的使用單位以及組織的連絡方式。所以，IP 位址確實可以代表網路使用者的身分，也能夠被追溯，查詢擁有者和使用者。

「另外，就像電腦一樣，手機和其他行動裝置裡的資料也可以進行鑑識喔。」關閉頁面後，法老王說。

「現代人真的手機不離身耶。」麒哥有感而發。「很多客人都這樣，一點完餐就開始滑手機，只要手機不在身邊，就覺得很不安。」

「大家這麼依賴手機，不但利用通訊軟體傳訊息、打電話，也會寄發電子郵件、拍照、購物、上臉書或其他社群網站⋯⋯ 你們想想看，如果一支小小的手機就能做這麼多事，那麼萬一它不見了，造成的影響會有多大？」法老王問。

「這樣講我大概懂。」麒哥說。「像我的手機只要從待機畫面滑一下就解鎖了，根本沒有設密碼，而且所有往來廠商的通訊錄都在裡面，LINE 也從來不會登出⋯⋯現在想一想，這麼做真的很危險。」

「既然知道，就好好設密碼吧！」法老王拍拍麒哥肩膀。

「那手機要怎麼鑑識啊？」阿智終於抓到機會發問。

「以通話紀錄來說，只要透過鑑識用的軟體，就能整理出這支手機的通話紀錄，再過濾出常撥出或接到的電話號碼，我們就可以知道這個人曾經在什麼時候、什麼位置和誰連絡，通話時間又是多長⋯⋯等訊息，對於掌握特定人物過去的動態很有幫助。電子郵件和簡訊的內容也一樣。」法老王解釋。

「那麼即使把這些紀錄刪掉，也會像電腦那樣，只是『不知道在哪裡』嗎？」麒哥從剛剛電腦的例子推論。

「沒錯。」法老王點點頭。「除了找出通聯紀錄外，手機還有一項常用的功能，也可以幫我們掌握使用者過去的移動路徑—就是 GPS 功能。」

「這個我知道！」阿智搶先一步。「所謂的『GPS』就是『全球定位系統』，它會利用衛星追蹤訊號，定位使用者所在的位置，再結合其他相關程式，就可以成為一般車用導航系統，或是協助我們規畫交通路線。」

「就像阿智說的，GPS 目前在生活上的應用越來越廣泛，除了導航系統、交通手段的規畫外，譬如臉書的『打卡』功能，也是 GPS 的一種應用。」法老王說。「而且這些導航系統一樣有儲存的功能，它會把我們曾經定位過的經緯度記錄下來，只要把這些紀錄調出來，馬上就知道手機的主人曾經去過哪裡，又是從哪裡出發的。」

「我有點好奇，」麒哥問。「如果密碼可以加解密，那鑑識是不是也有……呃……反鑑識？」

「是叫『反鑑識』沒錯。」法老王笑著說。「就像很多歹徒在犯案後會故布疑陣、擾亂警方查案一樣，防止數位跡證被鑑識出來的行為就可以叫做『反鑑識』。」

CHAT-ANGEL 反鑑識

究竟甚麼是「反鑑識」呢？如同前面所說的，由於數位證據具有「原始狀態保持不易」「難以確定完整性與來源性」「不易察覺與解讀」等特性，對於調查人員來說，數位鑑識的過程，更需加強確認數位證據的完整性，即萃取的數位證據是否與原本的證據一致、是否遭到竄改，所欲萃取的數位證據是否已經被隱藏或者是刪除，這樣才可使最終的調查報告能為法院所接受；相對的，犯罪者千方百計地採取各種手段，阻礙數位證據的鑑識行為，就稱為「反鑑識」。

常見的反鑑識技術有：「資料加密」，讓旁人無法理解密文內容；「資料隱藏」，將資料隱藏在平常電腦中較無用處且不起眼的儲存位置，或是透過一些方法將資訊隱藏在某個檔案或圖片中。這些被隱藏的資料，有可能是圖形、文字、聲音、HTML 檔，甚至是磁碟內的資料。透過資料隱藏技術，使數位鑑識人員無法直接發現資料，來達到隱藏資訊的目的。

另外有一種技術是「資料抹除」，對攻擊者來說，為了要避免被追蹤出身分，最直接也最好的方法，就是刪除掉所有關於他在電腦上的活動紀錄了。但是，如果僅僅是將資料刪除，資料還是有可能被還原，唯一可以根除的方式，就是「除了撕掉標籤外，也要把檔案確實移除」。這項工作該如何辦到呢？一些軟體設計師，為了徹底刪除資料，避免機密外漏，開發出相關抹除資料的軟體，如：「eraser」。

執行「eraser」抹除資料時，「eraser」會將欲抹除的資料依預先設定的或者是隨機產生的資料覆寫數次，達到確實刪除資料的目的。如此一來，如果還想利用軟體「FinalData」復原資料的話，就會有困難了。

看完檢索頁面後，法老王又說：「不過好壞都不是絕對的。一把刀子可以拿來做菜，也可以拿來殺人；工具也是，這些反鑑識工具同樣可以提供正面用途。比如說，為了怕機密外洩、重要資料外流，很多公司都會監控員工的電子信箱、側錄並分析網路封包、擋掉某些網站等，藉此降低風險。」

說完後，法老王起身從包包裡掏出一份文件。「這是我剛剛經過補習班拿到的一些入學考試公告試題，每一頁都有浮水印，這種『數位浮水印』其實也是一種反鑑識工具喔！」

「浮水印也是嗎？」麒哥問。

「嗯。」法老王點點頭。「剛剛我們看到，常見的反鑑識技術中，有一種叫『資料隱藏』，也就是把特定訊息隱藏在檔案或圖片中，而浮水印就是一種被加入的訊息。」

CHAT-ANGEL 數位浮水印

「數位浮水印」的用處在於宣告著作版權，它的作法是將有版權的檔案上加入著作權者個人資訊，以防他人偽造複製。

數位浮水印又分為可視浮水印和不可視浮水印二種，前者是將原始圖片檔，加上肉眼能辨別的擁有者資料，如果要移除數位浮水印，一定會嚴重的破壞原始圖片檔的資訊；後者則將圖片檔加上我們肉眼所看不見的浮水印，整張圖片檔的外觀和細節內容並沒有發生顯著的變化。而除了銷毀這張圖檔外，沒有任何其他的方法可以將數位浮水印移除，如果有違反著作權的盜用時，我們可以透過特別的方法從中取出隱藏的浮水印，藉以辨識著作權資訊。

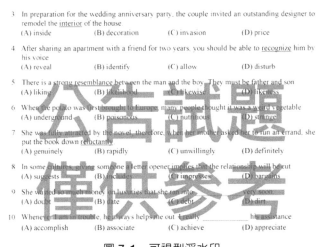

3　In preparation for the wedding anniversary party, the couple invited an outstanding designer to remodel the <u>interior</u> of the house
　(A) inside　　　　(B) decoration　　　(C) invasion　　　(D) price

4　After sharing an apartment with a friend for two years, you should be able to <u>recognize</u> him by his voice
　(A) reveal　　　　(B) identify　　　　(C) allow　　　　(D) disturb

5　There is a strong resemblance between the man and the boy. They must be father and son
　(A) liking　　　　(B) likelihood　　　(C) likewise　　　(D) likeness

6　When the potato was first brought to Europe, many people thought it was a weird vegetable
　(A) underground　(B) poisonous　　　(C) nutritious　　(D) strange

7　She was fully attracted by the novel; therefore, when her mother asked her to run an errand, she put the book down <u>reluctantly</u>
　(A) genuinely　　(B) rapidly　　　　(C) unwillingly　　(D) definitely

8　In some cultures, giving someone a letter opener implies that the relationship will be cut
　(A) suggests　　　(B) includes　　　　(C) impresses　　(D) bargains

9　She wasted so much money on luxuries that she ran into _____ very fast.
　(A) doubt　　　　(B) date　　　　　(C) debt　　　　(D) dirt

10　Whenever I am in trouble, he always helps me out. I really _____ his assistance.
　(A) accomplish　(B) associate　　　(C) achieve　　　(D) appreciate

圖 7-1　可視型浮水印

（圖片來源：四技二專統測中心）

　　「雖然行動裝置很方便，不過看起來，我們都太小看了資安方面的風險呢。」阿智說。

　　「對啊！」麒哥搭腔。「而且就連跟誰講過電話、去過哪裡都可以從手機裡分析得出來，還真是不能做壞事啊，否則馬上就被逮到了。

　　法老王倒是輕鬆地笑了起來：「手機、電腦和網路已經是生活的一部分，如果能好好使用它們，就能讓工作更有效率、生活更充實；只是我們也要知道這些便利會帶來的風險。『恐懼來自於無知』，只要了解得更多，就不會因為害怕而完全不敢碰，反而會更清楚地知道如何善用、如何避開風險、如何保護自己；而密碼，其實就是最基礎的常識。」

　　「原來如此，這應該才是你這門通識課最想傳達給學生的吧！我⋯⋯」麒哥話說到一半，手機突然響起。

「喂？我是……嗯？應該是明天來修啊……嗯……這樣啊……好，我知道了，等我一下，我馬上過去。」麒哥的表情看起來有些困擾。

「怎麼了嗎？」阿智問。

「沒有啦。店裡要換排煙系統，本來說好明天下午才來換的，結果好像廠商搞錯時間，現在就跑來了，所以我要過去一下才行。」麒哥說。

「那你就先去忙吧，不用招呼我了。」法老王笑著回答。

「法老王，不好意思啦。」麒哥說完，對著阿智說：「我出門了，你幫我招呼法老王叔叔喔！」

確認麒哥離開後，阿智見機不可失，若無其事地起了另一個話頭：「法老王叔叔，你跟我爸媽都很好，對不對？」

「對啊……怎麼了，突然提起這個？」法老王眉頭一皺，直覺事情並不單純。

「嗯……說實在的，我當初並沒有想到我寫的那封數字密碼信竟然這麼有效，而且您還幫我爸上課，讓他有了可以投注心力的興趣，現在他酒也喝得少了，也比較願意出去外面走走，我真的很感謝您。」阿智吞吞吐吐的。

「所以呢？你到底想說什麼？」

「那個…… 您知道我媽媽過世前有留下一封信給我爸嗎？」阿智想了想，還是開口問。

「信？」法老王有些驚訝。

「嗯。我爸也從來沒跟我說過這件事，是之前幫他辦自然人憑證的時候，不小心發現的。」

原來麒哥平常習慣把重要文件、證件、存摺和印章鎖在衣櫃裡的抽屜，當時他沒想那麼多，直接把鑰匙給阿智，讓他開抽屜拿東西，結果卻讓阿智發現了母親的信。

「我有把信拍下來，可是我完全看不懂。」阿智打開手機裡的相簿，把照片遞給法老王。

「你爸有說過你媽的事嗎？」法老王不動聲色地問。

「很少。」阿智搖搖頭。「『媽媽』這兩個字就跟『戒酒』一樣，根本是他的地雷……現在應該好多了啦。」

「以前我們念大學的時候，你媽就很喜歡研究有關密碼的東西，至於你爸呢，一看到數字就頭痛，完全就是現在所說的『文科人』。你媽媽興致一來，還會寫『愛的小紙條』給你爸－不過是用密碼寫成的。你爸每次都來找我求救，後來你媽知道了，還把我訓了一頓。」法老王說起往事，臉上都是笑。

「我對媽媽其實沒什麼印象，」阿智搖搖頭。「可是我一直在想，如果這是媽媽留給爸爸最後的訊息，那麼還是應該把它解出來比較好，不是嗎？」

「這樣吧，我們來解解看，我猜你爸並沒有解開這封信的祕密；至於解開之後你要怎麼跟你爸說，我想還是讓你自己去思考比較好。」法老王拿出紙筆。「來吧，來看看你媽媽留下的那封信。」

愛是恆久忍耐、又有恩慈　　from　　Vigenere

xmyilfcydpvrowysycolljziycpkshdqphjweotathccziwyemjyncppo
yziaazmymjycvzechaschcihvjppzdjphcmyyjjxsrlpbavfgovlhzhlbyc
zirsfzylljzwefzrrhcxzpjyyqzflqfqjrzecgjrtohwzgjvcmollhtsfqjywris
evvzpajqqcmgzakeymyycwikjcpvwwaitohczimeyuzpecwihwoljc
peyryeotjvpjzvphzvyogpj

圖 7-2　密碼情書

　　法老王用筆指著右上角的「Vigenere」。「我想這個字指的是『維吉尼爾加密法』。它其實很簡單又很好用，但是因為初學者想破解它沒那麼容易，所以又有『難以破譯的密碼』的說法。」

愛是恆久忍耐、又有恩慈　　from　　(Vigenere)

xmyilfcydpvrowysycolljziycpkshdqphjweotathccziwyemjyncppo
yziaazmymjycvzechaschcihvjppzdjphcmyyjjxsrlpbavfgovlhzhlbyc
zirsfzylljzwefzrrhcxzpjyyqzflqfqjrzecgjrtohwzgjvcmollhtsfqjywris
evvzpajqqcmgzakeymyycwikjcpvwwaitohczimeyuzpecwihwoljc
peyryeotjvpjzvphzvyogpj

圖 7-3　密碼情書的解密關鍵

　　法老王說完話後，便開始在紙上動起筆來，整理出一個表（如：表 7-1）。

　　「來！阿智，你看這個表。我們假定金鑰是『love』，依據『維吉尼爾密碼表』（注：見表 3-3）作還原明文的動作。密文的第一個字母是『x』，對應的金鑰字母是『l』，由查表可知明文應為『m』；密文的第二個字母是『m』，對應的金鑰字母是『o』，由查表可知明文應為『y』，依此類推，我們得到的明文為圖 7-4。經過整理及翻譯後為圖。7-5」法老王指著紙上的圖表向阿智說明。

表 7-1　密碼情書的部分破解內容

密文	x	m	y	i	l	f	c	y	d	p	v	r	o	w	y	s	y	c	o	l
金鑰	l	o	v	e	l	o	v	e	l	o	v	e	l	o	v	e	l	o	v	e
明文	m	y	d	e	a	r	h	u	s	b	a	n	d	i	d	o	n	o	t	h

愛是恆久忍耐、又有恩慈　　　from　　　Vigenere

mydearhusbandidonothaveenoughtimetostaywithyoubutyouco
uldkeepmeinyourheartforthewholelifethinkofmewhenfrustrate
dandyouwouldhavestrengthtobouncebackmydearsoniamsosorr
ythatyoucouldnothavemomforcompanyduringyourlifeiamyoura
ngeltobewithyouanddadforevereternally

圖 7-4　密碼情書解密後之內容

愛是恆久忍耐、又有恩慈　　from　　Vigenere

My dear husband, I do not have enough time to stay with you, but you could keep me in your heart for the whole life. Think of me when frustrated and you would have strength to bounce back.

My dear son, I am so sorry that you could not have Mom for company during your life. I am your angel to be with you and Dad forever eternally.

親愛的老公，我沒有足夠的時間陪在你身邊，但你能將我保留在你心中一輩子。當你難過時，想起我就能充滿力量。

親愛的兒子，很抱歉在你的生命中沒有媽媽的陪伴。我是你及爸爸身邊的天使，會永遠永遠和你們在一起。

圖 7-5　密碼情書整理翻譯後的內容

看著信，阿智的雙眼不由得紅了。一直以來，阿智都好羨慕身邊的同學，每個人都有媽媽。他曾以為隨著年齡的增長他可以試著不去在乎，直到看到媽媽的信。

「好奇怪，我以為我已經很習慣沒有媽媽這件事了，沒想到真的看到媽媽的信，心裡還是覺得很激動。」阿智說完，若無其事地揉揉眼睛。

「這件事情對你和你爸來說，到底有什麼意義，是需要你們自己去找出來的。雖然你也像我的小孩一樣，但是我終究是個外人；」法老王

輕輕地按著阿智的肩。「身為一個跟你爸媽都很熟的外人，我只能說：你爸媽一直很相愛，他們也很愛你。或許就是因為太愛彼此了，所以你爸一直不知道怎麼調適這種悲傷，也不知道要怎麼面對你，畢竟他認為就是自己不爭氣，你媽媽才會走得那麼早。」

「我從來沒有這樣想過……」阿智還是忍不住鼻酸起來。

「我當然也羨慕過其他人，覺得他們有媽媽真好，可是我也知道爸爸只有我一個兒子，所以我其實很希望他可以再信任我一點，不用什麼事都想自己扛、不要心裡有話都不說。」

「人生是不會白費的。」法老王安慰阿智。「雖然你們看起來繞了好遠的一段路才走到這裡，但就是要等到天時、地利、人和，才能得到最好的結果，這段辛苦的日子，一定會變成你們未來的養分。」

兩人就在客廳裡對坐了一陣子。沉默中，阿智心裡不斷思考該如何跟爸爸提起這件事，而在媽媽過世多年後，這封遲來的情書，是不是能讓他們的關係更緊密？

「我回來了……咦？」麒哥打開屋門。「你們怎麼了？怎麼那麼安靜？阿智，你該不會惹法老王叔叔生氣了吧？」

「不是啦。」法老王說。「阿智很乖，我也沒有生氣。」

「那……？」

阿智在一旁欲言又止，法老王見狀，用手肘頂了頂阿智。終於，阿智鼓起勇氣。「爸，我有件事要跟你說。」

「什麼事？」

「我知道媽媽過世前留了一封信給你，而且法老王叔叔跟我剛剛把這封信解開了。」阿智很快說完，一把將剛剛寫在紙上的解密結果塞進麒哥懷裡，擔心地觀察著麒哥臉上的表情。

「什麼？你……我……」麒哥一時反應不及，只好抓起阿智塞進他懷裡的紙，看個仔細。

麒哥不只一次想過，要是哪一天真的解開了妻子留下的密碼信，他應該會有什麼情緒、有什麼反應；但真正看到解密後的信，他腦中卻一片空白，所有的情感彷彿瞬間抽空，就連找個形容詞來描述他此刻的心情都做不到。

他只覺得自己很蠢。其實他很清楚，無論妻子在信中寫了什麼，都不會是對他的不滿或抱怨；可是他就是擔心，擔心妻子萬一真的這麼寫，會讓他覺得自己更無能、更像個悲劇裡的小丑。麒哥很自然地選擇了逃避。逃了這麼久、繞了這麼大一圈之後，沒想到卻是兒子伸手拉他一把，讓他結束這段漫長的流浪。

「對不起，阿智。」麒哥聲音有些粗啞。張了半天的口，只擠得出這句話。

沉默了一會兒，阿智終於回應：「沒有什麼好對不起的，你是我爸。而且……」阿智抬手抹去眼角淚水。「我失去了媽媽，你失去了太太，我們都失去自己很重要的人，所以……我知道……而且，我承認我自己也在逃避你。」

「阿智……」

「過了這麼多年，不管是什麼生活，我都習慣了；怕受傷、怕衝突的話，躲開就好了。所以後來我不再提媽媽、不再勸你戒酒，我覺得這樣保持距離也很安全。可是……」阿智說得哽咽。「這樣真的好嗎？這真的是我想要的嗎？所以我才決定寫那封數字密碼信給你，幸好……幸好我有寫……」

阿智說完，像個孩子般哭出聲來。

「阿麒，」法老王輕輕摟住麒哥的肩膀。「這些年，辛苦你了。」

「法老王，謝謝你，如果不是你一直撐著我們家，如果不是你教我這麼多事情，我想我現在還是一樣，廢人一個。」麒哥也伸手勾住法老王的肩。

「要謝就謝阿智，我能做的其實不多。」法老王搖搖頭。

「努力了這麼久，你們人生的謎題終於解開了，而解開它的『金鑰』，我想你老婆也寫得很清楚了。至於你跟阿智，我相信你們兩個應該有很多話要說，我呢，就不當電燈泡了；這門課，也算是功德圓滿了。」

法老王回家後，麒哥和阿智反而覺得有些尷尬，不知該怎麼開口才好。

沉默了一會兒，麒哥拿起寫著解密文的紙，仔細摺好，遞給阿智：「這張紙收好，別掉了……」他深吸一口氣。「『人生的密碼啊，解密的過程還真不容易。但是只要願意嘗試，好像總會有機會找到正確的『金鑰』，得到藏在祕密背後的幸福和智慧。真沒想到，跟法老王學這門密

碼學，對我這麼有幫助！兒子，很久沒一起去外面吃飯了，我們找家餐廳，好好吃頓飯吧。」

　　阿智看著麒哥，點點頭，露出微笑。「沒問題，等一下我上網找找！」他小心地把法老王的解密文收進背包，想著爸爸的話，和媽媽留下的「愛的祕密」，心底滿滿的感動，覺得今天真是很棒的一天。他知道，自己會緊緊守住藏在人生中最重要的東西－就像爸媽那樣。

麒哥筆記 來看看你累積了多少功力！

- 數位證據：數位證據指的是電子儲存媒體內任何足以滿足犯罪構成要件或關聯的電子數位資料，包括文字、聲音、圖片、檔案、程式等。透過鑑識工具，可對儲存於數位媒體中的資料進行萃取，經由萃取出的數位證據，被用來還原事件，而經由萃取的數位證據可在法庭上提供為犯罪事實的證據。

- 數位鑑識的必要程序：數位鑑識的目的在於蒐集、檢驗及分析數位證據。藉由保存電腦犯罪證據，並透過電腦採集有意義的資訊或從片斷的資料描繪事件的大略情形，並由此重建事件現場。所以，蒐集、檢驗及分析說明證據與事件的關係性，即是鑑識的必要程序。

- 數位證據的特性：數位證據具有「原始狀態保持不易」、「難以確定完整性與來源性」及「不易察覺與解讀」等特性。像刀子、繩索這些傳統的證據是不會隨意改變狀態、易掌握製造來源，也可直接從所沾染的異物推想使用過程，但數位證據可就不是如此。

- 鑑識陣線聯盟：以實際模擬案例的方式，常見的數位鑑識軟體及鑑識操作方法，可從「電腦磁碟」、「網際網路」及「智慧型手機」等不同鑑識平台上，以適當的方法萃取完整的數位證據。

  - 電腦鑑識：鑑識人員利用隨行準備的鑑識工具對電腦磁碟進行掃描。由鑑識軟體掃描內容中，可能發現有一些已遭非法刪除的檔案和文件得進行資料還原。

- 網路鑑識：對現代人來說，網路不再是遙遠陌生的名詞。透過網路，人們可以接收很多資料，同樣的也可以上傳資料。從鑑識的角度來看，隨著網路的普及，網路紀錄的鑑識已越來越被重視，這是因為透過網路紀錄可以了解使用者在網路上的瀏覽活動。事實上，使用瀏覽器瀏覽網頁時，會產生三種記錄：歷史紀錄（History）、餅乾（Cookies）及暫存檔案（Temporary Files）。

  1. 歷史紀錄（History）：網路管理中，為了方便使用者再度拜訪該網頁，瀏覽器會將瀏覽網頁的活動及相關網頁內容記錄下來，而這些紀錄也就是「歷史紀錄」。

  2. 餅乾（Cookies）：「網路餅乾」是使用者在讀取網頁內容時，瀏覽器為了減少與遠端溝通的時間，將瀏覽的資料與認證資訊儲存在「網路餅乾」中，等到下次重新讀取網頁時，便能大大減少重新存取網頁內容的時間。

  3. 暫存檔案（Temporary Files）：使用者點選造訪過的網頁，瀏覽器會以「暫存檔」的方式儲存在本地端的電腦。這個好處是下次若要再讀取該網頁時，就無需耗費額外時間在從網路上下載同樣內容的網頁，而可以馬上從暫存檔當中讀取出來了。這也就是為什麼當我們再度開啟曾經瀏覽過的網頁時，感覺讀取速度好像特別快的原因。

◆ 網路世界的常識：IP（Internet Protocol）是 TCP/IP 協定的基礎。它是一種協議，裡頭內容描述資料封包於網路交換時該如何運作，如：網際網路的定址方式、資料傳送路徑及單位等。它的任務是根據來源主機和目的主機的地址傳送資料，IP 協議描述了網路定址的方式和傳送資料時應該如何被包裝。

● 手機鑑識：手機最基本的功能，就是撥打電話，大部分的手機都會記錄使用者撥打 / 接收通話的時間及號碼。這些資料對鑑識工作而言，可說是非常有價值。藉由手機鑑識軟體，可以得知使用者的通話紀錄、簡訊內容及 GPS 紀錄。

■ 反鑑識：簡言之，各種防止數位證據鑑識行為的手段即為「反鑑識」。常見的反鑑識技術有「資料加密」、「資料隱藏」及「資料抹除」等。

■ 數位浮水印：「數位浮水印」的用處在於宣告著作版權，它的作法是將有版權的檔案上加入著作權者個人資訊，以防他人偽造複製。數位浮水印又分為可視（Visible）浮水印和不可視（Invisible）浮水印二種。

博碩文化

博碩文化

博碩文化

博碩文化